"十三五"国家科技重大专项资助（2016ZX05051004-007）

库车拗陷盐下构造变形机制

Mechanism of Subsalt Structural Deformation

in the Kuqa Depression

侯贵廷　孙雄伟　郑淳方　孙　帅　著

科　学　出　版　社

北　京

内 容 简 介

　　库车拗陷是塔里木盆地北部天然气资源富集区，近些年在盐下发现了非常规天然气。盐下构造变形机制研究对盐下非常规天然气的勘探开发具有重要意义。本书通过高品质地震资料的解释与分析，提出了库车拗陷盐下构造属于断层调节褶皱类型的新认识，而不同于盐上的断层相关褶皱类型。通过离散元数值模拟方法模拟了盐下构造的变形过程。模拟结果表明早期盐下先发生地层挠曲和褶皱，中后期才出现断层，断层起调节作用。最后基于断层调节褶皱模型建立了库车拗陷盐下断背斜的裂缝发育模式，认为双中和面是控制盐下断背斜应变和裂缝垂向分带的主要动力学因素。

　　本书适合高等院校、研究院和能源企业科技人员阅读参考，也适合相关领域研究生作为学习参考书。

图书在版编目（CIP）数据

库车拗陷盐下构造变形机制 / 侯贵廷等著.—北京：科学出版社，2021.1
　ISBN　978-7-03-067283-4

　Ⅰ.①库…　Ⅱ.①侯…　Ⅲ.①塔里木盆地-石油天然气地质-构造变形-研究
Ⅳ.①P618.130.2

中国版本图书馆 CIP 数据核字（2020）第 253653 号

责任编辑：王　运／责任校对：张小霞
责任印制：吴兆东／封面设计：图阅盛世

科　学　出　版　社 出版
北京东黄城根北街 16 号
邮政编码：100717
http://www.sciencep.com

北京建宏印刷有限公司 印刷
科学出版社发行　各地新华书店经销

*

2021 年 1 月第　一　版　开本：720×1000　1/16
2021 年 1 月第一次印刷　印张：11 3/4
字数：240 000

定价：158.00 元
（如有印装质量问题，我社负责调换）

前　　言

进入 21 世纪，非常规油气资源成为我国油气勘探的热点。近些年来库车拗陷的盐下构造内陆续发现了致密砂岩天然气藏。本书主要依托"十三五"国家科技重大专项课题"库车拗陷盐下克深地区中小尺度构造建模及形成机制研究"的最新研究成果，对库车拗陷盐下构造的类型及其变形机制开展了系统研究，提出了新认识，指导库车拗陷盐下天然气的勘探开发。

本书的主要特点是以高品质地震资料的解释分析为基础，通过离散元和有限元等运动学和动力学的数值模拟手段，定量或半定量地开展盐下构造类型划分和变形过程及变形机制的动力学研究，最后应用于盐下构造的裂缝发育模式分析，指导盐下致密砂岩裂缝天然气藏的勘探开发，实现理论与实践相结合的研究目的。

本书主要包括了五个方面的研究内容：①结合塔里木油田公司最新的高品质叠前深度地震资料，严格依据地震资料本身及层位标定，选择库车拗陷克拉苏地区典型的盐下构造开展地震解释和分析，准确追踪地层的展布，并合理进行断层和褶皱等构造的识别和解析。②运用离散元数值模拟方法，对研究区克深 2 和克深 5 构造进行离散元数值模拟研究。通过数值模拟的方法，模拟研究区现今的构造样式，寻找变形前的构造初始状态，分析影响各种模拟结果的主控因素并探究研究区变形过程及其成因机制，提出盐下构造成因的新模式。③从断层调节褶皱理论出发，重新编制研究区中生代以来的构造演化剖面，恢复研究区中新生代以来的变形过程及各时期的构造样式，合理分析断层调节褶皱的形成过程并判断其合理性。④盐下断背斜的裂缝分带性研究。⑤盐下断背斜的裂缝定量预测。

本书主要利用定性解释与定量模拟分析相结合的研究方法来系统研究库车拗陷盐下构造类型及其变形机制：①地震资料解释过程中，以地震同相轴为基础，合理追踪地层并对断层进行解释，分析研究区盐下构造变形特征和分类。②利用离散元数值模拟方法，分析各因素对模拟结果的影响，并开展研究区构造样式的恢复，分析盐下构造变形的动力学机制。③通过平衡剖面恢复方法，结合断层调节褶皱理论，恢复研究区中新生代以来的构造演化剖面。④盐下断背斜构造裂缝的单井分析和联井剖面分析。⑤盐下断背斜构造裂缝定量预测的有限元分析。

本书的前言、绪论和第 1 章由侯贵廷和孙雄伟编写；第 2 章、第 3 章和第 4 章由郑淳方和侯贵廷编写；第 5 章、第 6 章和第 7 章由孙帅和侯贵廷编写；第 8

章由侯贵廷和孙雄伟编写。

本书依托于国家科技重大专项和塔里木油田攻关课题。在研究过程中，得到塔里木油田各级领导和专家的支持。在此特别感谢"十三五"国家科技重大专项（编号：2016ZX05051）负责人、塔里木油田公司副总经理江同文教授级高工的支持，感谢塔里木油田公司勘探开发研究院的原院长杨海军、院长李勇、副院长唐雁刚、潘文庆教授级高工、黄少英高工、能源副教授、杨敏工程师和周露工程师等专家的支持。

目　　录

绪　　论

　　库车拗陷的山前冲断带发育大量断背斜构造气藏，是塔里木油田重要的天然气勘探开发区。以克拉 2 气田的发现为开端，库车拗陷浅层盐上断背斜油气藏已得到大规模开发，而近些年以克深 2 气藏为代表的深层盐下断背斜气藏（一种致密气藏）勘探开发也有了重大突破，表明盐下深层构造也具有很大的勘探开发潜力（卢华复等，2000，2001；寿建峰等，2001，2004；贾承造和魏国齐，2002；王招明等，2013；侯贵廷等，2019）。库车山前冲断带的深层构造具有与浅层构造不同的构造样式与较强的变形差异，油气勘探潜力巨大（能源等，2013；侯贵廷等，2019a，2019b）。研究库车拗陷盐下深层构造的构造样式与动力学演化机制，探讨其变形历史及影响变形的主控因素，有助于我们深入了解盐下构造圈闭的形成机制和成藏过程。因此，开展对库车拗陷盐下构造特征、分布规律和构造解析的研究对盐下深层构造发育机制研究具有理论意义，并对有效预测盐下油气圈闭和裂缝发育规律具有重要价值。

　　国内外对前陆冲断带的构造类型进行过很多研究，对库车山前冲断带构造类型也有较多的研究成果，提出山前冲断带常发育断弯褶皱、断展褶皱和滑脱褶皱三种断层相关褶皱（陈楚铭等，1999；卢华复等，2000，2001；贾承造和魏国齐，2002）。库车山前冲断带发育多套膏盐层，导致盐上和盐下的构造样式有很大的差异，因此库车山前冲断带的断背斜样式十分复杂，影响因素也很复杂。

　　前人的研究表明库车拗陷的成盆过程经历了中生代伸展断陷盆地（侏罗纪—白垩纪）、新生代早期"挠曲"盆地（古近纪—中新世）及新生代晚期再生前陆盆地（上新世—第四纪）的演化过程（卢华复等，2000，2001；贾承造等，2003）。现今构造主要形成于新生代晚期库车组沉积的中晚期（谢会文等，2012）。

　　基于前人的大量研究，库车拗陷中部具有南北分带、东西分段、垂向分层的变形特征（谢会文等，2015；张玮等，2019）。自北向南依次为北部单斜带、克拉苏构造带、拜城凹陷、秋里塔格带和阳霞凹陷（王步清等，2009；能源等，2012）。库车拗陷具有明显的横向分段变形特征，可划分为博孜-却勒构造段、大北-西秋构造段、克深-西秋构造段、东秋构造段和依奇克里克段（徐振平等，2012）。垂向上，以古新统—始新统库姆格列木群膏盐层为界，盐上和盐下的构造变形特征存在明显差异（汤良杰等，2004）。盐下构造变形更为强烈，形成一系列逆冲叠瓦构造（王月然等，2009）。该区域主要发育缩短构造样式（刘剑平和汪新文，2000）

及盐构造样式（汤良杰等，2004；雷刚林等，2007；余一欣等，2008）。盐上构造层、盐构造层及盐下构造层的构造样式及分布具有明显差异。

盐上构造层发育断层相关褶皱为主的断背斜，同时由于部分盐岩向上突破至地表，因此发育与盐刺穿相关的构造样式。盐上逆断层与褶皱相伴生，有些表现为铲式逆断层特征，断层上陡下缓消失于膏盐层附近；有些断层倾向相反呈对称分布，为反冲断层。总体上，在库车拗陷盐上构造以断层为主控因素，属于断层相关褶皱（陈楚铭等，1999；卢华复等，2000，2001；汪新等，2002；何登发等，2005），也有少数学者认为盐上地层存在断层调节褶皱（邬光辉，2007；杨克基等，2018）。

膏盐层是沉积岩层中的软弱层，在地下的温压条件下以盐流动构造样式为主，受上覆静岩压力、构造应力和地热等动力驱动可能会发生底辟作用和塑性流动变形（邬光辉等，2004；卢华复等，2008；何春波等，2009；汪新等，2009；谢会文等，2012；杨克基，2017）。库车拗陷克拉苏构造带库姆格列木群膏盐层构造变形包括两类：静岩压力作用下的底辟构造变形与区域挤压作用下的缩短加厚构造变形。依据膏盐层与上覆岩层的接触关系，盐底辟构造还可进一步划分为隐刺穿和显刺穿两种类型（谢会文等，2012）。

盐下构造层则发育逆冲叠瓦式的断背斜以及与基底构造相关的冲断构造（余一欣等，2007；汪新等，2009；王月然等，2009）。依据发育位置不同，可划分为叠瓦式断背斜和基底卷入断层。盐下构造变形主要分为两类：侏罗纪—白垩纪区域伸展作用下的伸展构造变形和新生代喜马拉雅晚期（主要变形期）区域挤压作用下的缩短构造变形。库车拗陷盐下油气藏以致密砂岩储层为主，盐下油气主要储存于构造裂缝及孔隙中（于璇等，2016a，2016b；代春萌等，2017；毛亚昆等，2017；张荣虎等，2018，2019；杨海军等，2018，2019；高志勇等，2018；高文杰等，2018），研究库车拗陷中生代以来盐下构造类型及其变形机制，对研究盐下构造裂缝的形成与发育，以及盐下致密砂岩油气藏的勘探开发都具有重要意义。

前人对库车拗陷的构造进行了大量的研究，包括野外测量、地震解释、物理模拟和数值模拟。其中大量的模拟工作是针对库车地区盐相关构造的，包括模拟盐构造的样式、变形过程和变形机制等方面，另外还做了一些库车盐上构造的模拟与恢复工作，但对库车拗陷盐下构造的研究较少，部分模拟工作虽涉及了盐下构造，但实际上未能较好地恢复盐下构造，也较少讨论盐下构造的形成机制。

物理模拟广泛应用于库车拗陷盐相关褶皱-断层带的研究工作。汪新等（2010）运用物理沙箱模拟了库车拗陷盐相关构造，发现早期盐底辟会对后期构造的发育产生重大的影响。Li和Qi（2012）的物理模拟实验则表明膏盐层的厚度可以对盐上构造样式产生直接影响。Wu等（2014）通过物理模拟实验研究发现早期初始盐洼陷的宽度会对库车拗陷盐上地层的断层相关褶皱的发育过程产生控制作用。尹宏伟等（2011）通过物理模拟实验模拟了库车拗陷新生代盐构造的形成与演化过程，发现膏盐层的存在造成库车拗陷的构造垂向分层，盐上构造层以宽缓的褶皱变形为主，盐下构造层以紧密排布的冲断作用为主，同时指出，山前的克拉苏地区盐相关构造形成演化的主控因素为区域挤压作用，而位于库车拗陷南缘的秋里塔格盐构造的主控因素则是拜城凹陷巨厚同构造膏盐沉积。张希晨等（2018）的物理模拟实验研究表明，库车拗陷库姆格列木膏盐层并非纯盐，而是由四套膏盐夹层组成。

有关库车拗陷构造数值模拟的研究相对较少，且主要为离散元数值模拟。汪新等（2010）通过离散元数值模拟，研究了库车山前冲断带水平挤压应力和同沉积作用对盐构造变形的影响，认为盐下层变形传播距离远小于同时期的盐上层变形，同构造沉积负载是形成盐上层宽阔向斜的主要因素。Li 和 Qi（2012）建立了同一地区的物理模型和数值模型并进行了对比，发现两者结果相似且数值模拟更接近实际；而盐层和基底先存构造的分布则控制着克拉苏构造带盐相关构造的发育。段云江等（2017）的离散元数值模拟研究表明模型缩短率达30%时，模型与实际剖面吻合度较高，盐上层主要为滑脱褶皱变形，而盐下层发育逆冲推覆构造，先存断裂控制盐下构造变形和传播，盐底辟主要影响盐上层的隆升。李维波等（2017）对过克深4井的地震解释剖面进行离散元数值模拟，研究了库车山前冲断带变形的控制因素，认为克拉苏构造带的变形是基底隆起、先存断裂和膏盐层的展布等因素共同作用的结果。

前人对库车拗陷构造进行了大量研究，其中对盐相关构造研究也比较多，涉及盐构造变形样式、动力学机制和主控因素等方面；在盐上层是以断层为主控因素的断层相关褶皱这一点上也基本达成共识。盐上构造类型以滑脱构造和断弯褶皱等断层相关褶皱为主，属于薄皮构造（陈楚铭等，1999；卢华复等，2000，2001）。盐上构造有大量的野外露头、清晰可信的浅层地震资料的支持，盐上构造多数为断层相关褶皱的观点也是合理的。但前人关于库车拗陷盐下构造的研究较少。由于盐下地层往往深埋于地下，地震信号受上覆膏盐层的屏蔽，又缺少足够地表露头支持，地震资料的解释结果存在很大的争议，而且目前针对盐下构造的研究也很少。现今关于盐下地震资料的解释所提出的构造模式都是套用以前盐上断层相关褶皱的模式，是将盐上断层相关褶皱这一解释理念向深部的延伸，缺少足够细致的新思路和新研究方案。近年来随着库车地区盐下油气圈闭勘探开发程度不断提高，迫切需要搞清盐下构造类型及其成因机制，同时关于盐下地区构造样式的争议也越来越大。另外，近年来发现的盐下断背斜所具有的垂向上的裂缝分带特征和应力控储的分带性特征，也是很难用断层作用主导的断层相关褶皱来解释的

（断层相关褶皱发育裂缝是水平方向上的裂缝分带）。盐下构造（深部，尤其超深部）被解释为断层相关褶皱是不合理的。综上所述，迫切需要针对库车拗陷的盐下构造类型及其变形机制开展系统深入的研究。

目前库车拗陷盐下构造的研究尚存在以下三个问题。

1. 地震解释方案存在问题

首先，前人利用的地震资料是叠后时间或深度剖面，地震资料品质较低。盐层的屏蔽作用导致盐下地震资料品质较差，因此盐下构造不清晰，多解性强。漆家福等（2009）指出，库车拗陷地震剖面上浅层的古近系和新近系的反射是"可靠的"，可以较好地反映浅层构造向地下的延伸，具有明显的断层相关褶皱的特征；而盐下的地震资料品质较低，一些不连续的"疑似的"弱反射隐约反映出盐下层可能也存在一系列断背斜构造（杨涛和张健强，2017）（图0.1）。

前人对库车拗陷的地震解释结果更多地认为整个区域的盐上和盐下构造均为断层相关褶皱，强行将盐上断层延伸到盐下，并收束到滑脱面上，向叠瓦式逆冲推覆构造模式靠拢，本质上是将盐上的断层相关褶皱模式套用到对盐下构造的解释。然而实际上这种做法将盐下的一些地层挠曲和膝折等未发生地层错断的部位标定为断层，将以褶皱作用为主以断层作用为辅的小断距断背斜也解释成了断层相关褶皱，显然是不合理的（图0.1），这种地震解释方案是存在争议的。此外，地震剖面显示了侏罗系煤层强地震反射层是一个滑脱层，可以起到解耦作用，而以前的地震解释方案强行将断层切穿煤层，向煤层下方的中生代盆地

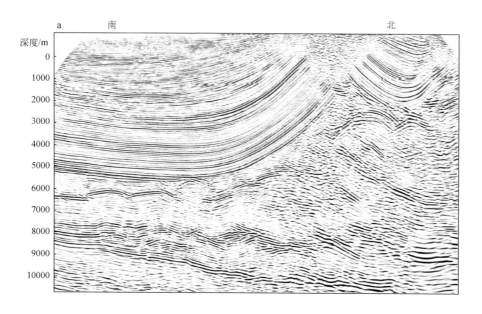

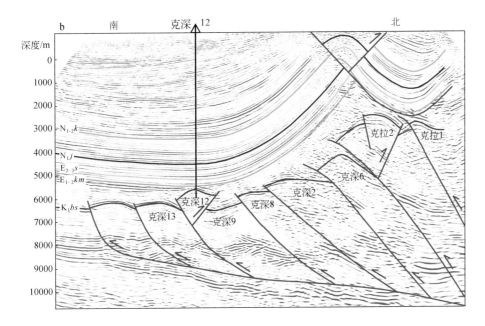

图 0.1　库车拗陷原地震剖面（a）和原地震解释剖面（b）（据塔里木油田公司资料）

基底收敛（图 0.1），这种以断层相关褶皱模式指导盐下地震解释的方案是存在问题的。

2. 断层相关褶皱模式与盐下勘探开发的实际情况相悖

断层相关褶皱以断层为主控因素，在水平方向上随着距断层的距离不同，裂缝发育程度具有水平分带性，即距断层越近裂缝越发育（鞠玮等，2013，2014）。然而随着盐下断背斜圈闭的不断勘探开发，发现盐下地层的构造裂缝发育程度呈垂向分带特征，从断背斜的转折端顶部自上而下可以划分出张性带、过渡带和压性带，分布有不同性质的裂缝，而在水平方向上却没有展现出明显的裂缝分布规律（Sun et al.，2017）。这个现象表明断层相关褶皱模式无法合理解释盐下构造裂缝的垂向分带现象，说明盐下构造属于断层相关褶皱这一观点存在问题。

3. 缺少对盐下构造变形机制的研究

前人对库车拗陷盐上构造开展了一些物理模拟与数值模拟来研究盐上构造的成因及变形机制，但没有针对盐下构造成因及变形机制的模拟研究。在前人的模拟中（段云江等，2017；李维波等，2017），盐构造与盐上构造往往得到了较好的恢复，与实际地质剖面符合程度较高，但是盐下构造的模拟结果却与实际地质剖面不吻合，因此盐下构造的变形过程及其成因机制依然不明确。

第1章　断背斜的分类及研究进展

褶皱和断层构造变形的相互关系主要包括两种类型：一是断层形成早于褶皱变形，断层为构造变形的主导并卷入后续的褶皱变形中，这种构造称为断层相关褶皱；另一种类型是以褶皱为主导作用的变形，变形过程中在水平挤压作用下褶皱先形成并进一步发育，随着变形增强在褶皱内部产生断层以调节褶皱变形，这种构造称为断层调节褶皱。随着构造地质学的发展，这两种断背斜构造有了更详细的划分，对其形成机制也有一些研究。

1.1　断层相关褶皱的研究进展

断层相关褶皱（fault-related fold）是褶皱-断层系统中以断层作用为主导的构造，断层相关褶皱的概念最早由 Rich（1934）在研究阿巴拉契亚低角度逆断层时提出，分为断弯褶皱、断层传播褶皱和滑脱褶皱三种类型。

断弯褶皱是逆冲岩席沿着台阶状断层面爬升断坡过程中被迫弯曲而形成的褶皱，先形成断层，后发生褶皱作用，褶皱是持续断层活动的结果（图 1.1a）。理论上褶皱生长方式以膝折为主，在断坪与断坡上及两者接触拐点处存在多个轴面，褶皱相对轴面近对称，而对于断弯褶皱来说由于断层面摩擦阻力的存在，断层上盘褶皱前翼会更加陡立导致褶皱逐渐不对称。

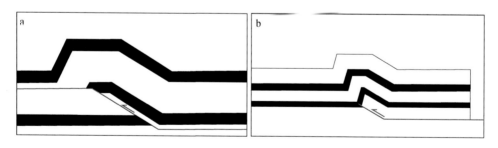

图 1.1　断弯褶皱（a）和断展褶皱（b）

断层传播褶皱指断层发育时由深部向浅部层次扩展，断层的位移逐渐被上盘或下盘岩层的褶皱变形所替代的变形过程（图 1.1b），也被称为断展褶皱。断展褶皱的形成是一个褶皱变形作用与断层扩展发育同时进行的过程，褶皱前翼较陡立。

Suppe（1983）针对断弯褶皱和断展褶皱进行了大量研究并建立了两者的几何学和运动学模型，将断层切层角与褶皱几何形态联系起来（Suppe，1983；Suppe and Medwedeff，1990）。而另一种较常见的断层相关褶皱是滑脱褶皱，它是沿滑脱面形成断层发生顺层滑动，在滑脱面之上形成的缩短褶皱，将滑脱面之上的水平滑移量转化为褶皱变形（Suppe and Medwedeff，1990）。

1.2　断层调节褶皱的研究进展

断层调节褶皱（fold accommodated by faults）是褶皱-断层系统中以褶皱作用为主导的构造，变形过程中褶皱先形成并进一步发育，由于褶皱逐渐紧缩褶皱内部或翼部发生强烈变形，进一步在变形强烈部位发育断层以调节构造变形。这种褶皱为主导、断层为次级构造的褶皱-断层系统为断层调节褶皱。断层调节褶皱也有人译成褶皱相关断层（邓洪菱等，2009），但我们认为该构造是以褶皱作用为主断层作用为辅，因此译成断层调节褶皱更能反映该构造的特点并突出构造中褶皱的主体地位。本书以 Mitra（2002）的划分方案为依据，结合断层在褶皱中的发育位置，将断层调节褶皱分为四类：枢纽断层调节褶皱、楔入断层调节褶皱、翼部断层调节褶皱和反冲断层调节褶皱。

1.2.1　枢纽断层调节褶皱

枢纽断层调节褶皱在褶皱枢纽处发育调节断层，该断层的运动学方向与褶皱岩层的弯滑方向相同。依据 Mitra（2002）的划分方案，这类构造可进一步分类为背离向斜逆断层调节褶皱和指向背斜逆断层调节褶皱两种，两者成因机制相同，在褶皱变形过程中，受整体缩短变形及地层弯曲导致局部压缩作用，断层发育在背斜或向斜的核部并向前翼或后翼逆冲（图 1.2）。枢纽断层调节褶皱是断层调节

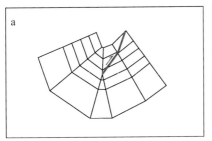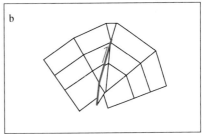

图 1.2　枢纽断层调节褶皱（据 Mitra，2002）

a. 背离向斜逆断层调节褶皱；b. 指向背斜逆断层调节褶皱

褶皱中最重要的一种，从褶皱的核部向转折端扩展，断层高角度切穿褶皱地层以调节褶皱核部变形造成的局部应变差异，并将位移传递到顺层滑动中。枢纽断层调节褶皱较常见于能干性相对均一的强硬层中，通常在褶皱轴面附近发育，断层由背斜核部向外扩展，断距有增加的趋势（图1.2）。

1.2.2 楔入断层调节褶皱

楔入断层调节褶皱的特征是褶皱强烈变形过程中在翼部或核部形成逆断层楔入地层以调节褶皱变形。褶皱外弧向着褶皱转折端方向运动，两翼角逐渐减小导致内弧向着远离转折端方向运动，在能干层中为调节总体变形而产生顺层滑动进而形成的逆断层调节褶皱（图1.3）。根据发育部位的不同，可分为翼部楔入断层调节褶皱和枢纽楔入断层调节褶皱（图1.3）（Mitra，2002）。该褶皱的逆断层切层角较小，逆断层下盘或上盘因形成局部断弯褶皱而产生明显的加厚现象，往往形成在强-弱相间的岩性层中。该褶皱的逆断层也可以出现相互叠置的逆断层系而形成多重楔入式逆断层或叠覆楔，是导致褶皱转折端大幅加厚的一种变形机制（Mitra，2002）。

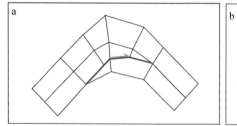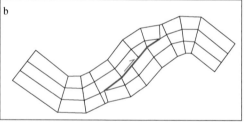

图1.3 楔入断层调节褶皱（据Mitra，2002）

a.核部楔入断层调节褶皱；b.翼部楔入断层调节褶皱

1.2.3 翼部断层调节褶皱

褶皱变形过程中在褶皱翼部发育调节断层以调节褶皱逐渐紧闭导致的空间问题或受翼部翻转导致强烈剪切作用，而形成翼部断层调节褶皱。该类褶皱的断层形成于褶皱陡倾前翼及前一个褶皱的相邻翼部（图1.4），可分为前翼空间断层调节褶皱和前翼剪切断层调节褶皱两种。该褶皱产生于褶皱作用后期，逆断层与褶皱前翼地层呈高角度相交（图1.4）。前者的断层可以调节褶皱核部因逐渐紧闭导致的空间问题，其发育位置靠近褶皱前翼邻近的向斜核部（图1.4a），后者的断层形成于褶皱变形后期，褶皱陡倾背斜前翼逐渐变陡甚至翻转的时候，受前翼翻转导致的强烈剪切作用而发育一系列近平行低角度逆断层（图 1.4b），与褶皱翼部地层呈高角度相交，切层角非常大；该褶皱往往为不对称褶皱，其剪切方向即为前翼剪切逆断层的运动方向（图 1.4）（Mitra，2002）。

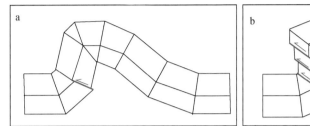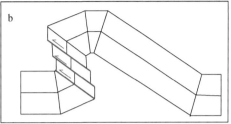

图 1.4　翼部断层调节褶皱（据 Mitra，2002）

a. 前翼空间断层调节褶皱；b. 前翼剪切断层调节褶皱

前翼空间断层调节褶皱的逆断层进一步扩展到前一个褶皱的翼部而发育成前翼-后翼断层调节褶皱（图 1.5）。在褶皱背斜前翼形成的前翼空间调节断层向前扩展并终止于两个褶皱轴面交汇层中。随着褶皱继续紧闭，后翼逆断层可能与逐渐向上扩展的前翼逆断层在软弱层中相连，从而形成贯穿整套地层的前翼-后翼逆断层调节褶皱（图 1.5）（Mitra，2002）。这种成因导致在两条断层结合的中部，断层位移量最小，而指向外部地层方向上断层位移量逐渐增大。

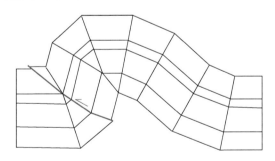

图 1.5　前翼-后翼逆断层调节褶皱（据 Mitra，2002）

1.2.4　反冲断层调节褶皱

断背斜在发育过程中上盘褶皱岩层可能发育反冲断层来调节褶皱变形，并形成反冲断层调节褶皱（图 1.6）。断层上盘地层受主断层弯曲影响或在断层摩擦较高处受阻力影响而产生变形，因此在主逆断层弯曲、转折或摩擦力较高的点产生反冲断层以调节变形（Mitra，2002）。

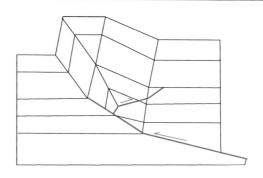

图 1.6 反冲断层调节褶皱（据 Mitra，2002）

关于断层调节褶皱的识别标志，邓洪旦（2013）在前人研究的基础上（Wrede，2005；邓洪菱等，2009）总结出如下五点特征：

（1）断层走向与褶皱走向大致平行；

（2）断层的存在未使主褶皱形态发生较大改变；

（3）断层规模小，相对孤立存在褶皱变形内部；

（4）褶皱内次级断层在转折端部位切层角较大；

（5）次级断层几何学和运动学与周围构造相协调。

1.3　断层调节褶皱发育机制的研究进展

1.3.1　枢纽断层调节褶皱的成因模式

1. 同心褶皱模型

褶皱变形过程中，当层内流动难以发生时岩层通常以同心褶皱方式发生变形。此时若褶皱岩层厚度大于曲率半径，而转折端位置仍为平滑的褶皱形态，褶皱岩层可能通过弯滑作用形成虚脱空间（图 1.7）。如果岩层能干性较大，则有可能在褶皱核部形成指向虚脱空间的逆断层，而在变形比较强烈的情况下，甚至可以出现楔状断层（图 1.7）。形成的逆断层发育在褶皱核部枢纽处，运动方向与岩层弯滑方向一致，属于枢纽断层调节褶皱。

2. 弯流褶皱模型

褶皱岩层内、外弧的差异剪切位移量与岩层厚度和岩层倾角有关。如果拐点固定，差异性剪切位移会在褶皱枢纽部位达到最大，可能成为发育背离向斜逆断层或指向背斜逆断层的内在原因（Ramsay，1967）。

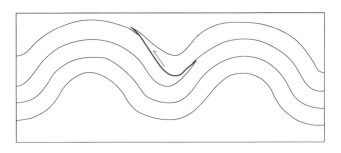

图 1.7 同心褶皱模型示意图（据 Wrede，2005）

3. 膝折带褶皱模型

Mitra（2002）通过膝折带褶皱几何学模型定量研究了褶皱内、外弧长度变化导致的断层作用。褶皱紧闭时褶皱轴面减少会导致弧长的减小，为保持弧长的恒定并调节剪切量，在褶皱枢纽处发育枢纽相关断层，形成枢纽相关断层调节褶皱。褶皱翼间角在轴面减少的位置发生显著减小，枢纽断层在此处开始发育，远离起始位置断层的位移量会逐渐加大（图 1.2a）。

1.3.2 楔入断层调节褶皱的成因机制

1. 纯剪切模型

Epard 和 Groshong（1995）提出了滑脱褶皱纯剪切模型（图 1.8）。若褶皱内部未发生物质迁移，T 为固定轴面，C 和 R 为活动轴面，随着挤压的进行，C 和 R 轴面向左固定端迁移，实现褶皱变形与褶皱两翼的生长。此时，为调节褶皱内部强烈变形作用，使褶皱的厚度增加的同时能保持地层长度守恒，滑脱褶皱内部可能产生次级断层构造（图 1.8b）。该构造属于断层调节褶皱，其断层从翼部向核部逆冲，切层角较小，与楔入断层调节褶皱较为类似。

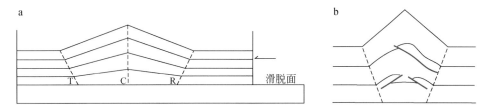

图 1.8 滑脱褶皱纯剪切模型及其内部的次级断层（据 Epard and Groshong，1995）

T 为固定轴面，C 和 R 为活动轴面

2. 强弱岩性层模型

Mitra（2002）认为强弱岩性层之间的透入性差异应变引发枢纽部位的楔入逆冲构造。半棱角状褶皱由强度不同的岩性层组成，Sh 为泥页岩层，Ss 为砂岩层（图 1.9），褶皱发育所导致的沿层缩短量在强度不同的岩层中会产生不同的影响：泥页岩层中褶皱缩短导致的均匀剪切被限制在褶皱转折端，导致褶皱加厚；而砂岩层由于其能干性较大，其中的缩短量则以楔入逆断层的形式吸收，这个断层起始于砂岩层的底部并沿层发育，延伸至泥页岩层（图 1.9）。

由于早期楔入断层形成于平行层缩短时期，先于总体褶皱作用的发生，这个楔入带会为褶皱提供成核位置；这些早期楔入断层可以与上文提到的楔入断层调节褶皱区分开来，后者邻近的软弱层有较大范围的加厚现象（Mitra，2002）。

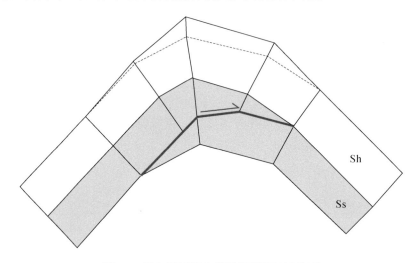

图 1.9　楔入断层调节褶皱强弱岩性层模型

Sh 为泥页岩层，Ss 为砂岩层

3. 曲率调节模型

类似同心褶皱模型，由丁岩层曲率半径小于层厚导致虚脱空间而产生断层（图 1.10）。发生同心圆褶皱作用的岩层其层厚小于在枢纽处的曲率半径，而最内环岩层的曲率半径在枢纽处小于该岩层厚度，导致该岩层上部出现虚脱空间，中

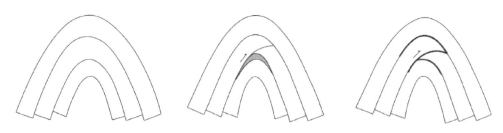

图 1.10　枢纽楔入断层调节褶皱的曲率调节模型（据邓洪旦，2013）

间岩层在枢纽处发生破裂产生逆冲断层。这类逆断层在枢纽处具有较小切层角，楔入体的存在使枢纽部位岩层厚度增加，形成楔入断层调节褶皱。

4. 枢纽楔入断层调节褶皱的翼部滑脱层模型

邓洪旦（2013）提出褶皱翼部"滑脱层"模型（图 1.11）：①褶皱岩层内部在变形过程中产生滑脱面，断层在枢纽处切层并楔入上覆岩层；②褶皱继续变形，断层进一步发育，断面及上盘背斜同时卷入褶皱变形，在褶皱枢纽及前翼处发育两组逆断层（图 1.11），形成枢纽楔入断层调节褶皱。

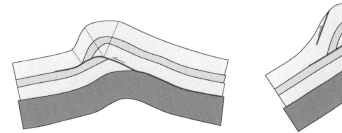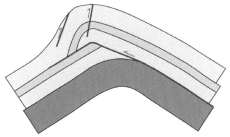

图 1.11　枢纽楔入断层调节褶皱翼部滑脱层模型（据邓洪旦，2013）

1.3.3　翼部断层调节褶皱的成因机制

1. 前翼剪切断层调节褶皱发育模式

邓洪旦（2013）提出褶皱前翼在变形过程中会因为锁定而在前翼形成次级断层（图 1.12）：①水平岩层在挤压应力作用下发生褶皱变形；②褶皱陡倾翼阶段，当岩层倾角达到 60° 时，褶皱陡倾翼处挤压应力与翼部高角度相交，形成局部的剪切应力场并产生次级断层；③陡倾翼旋转至 90°，褶皱翼部发生顺层拉长，层厚减薄，此时剪切断层开始相互连接，形成前翼剪切断层带并切穿前翼。

2. 尖棱褶皱模型

Ramsay（1974）提出尖棱褶皱模型（图 1.13）。缩短量相同的情况下，褶皱中厚度较小的岩层翼部倾角比厚度较大的岩层翼部倾角小（图 1.13a）；而膝折褶皱中厚度较小的岩层翼部倾角与厚度较大的岩层翼部倾角相同（图 1.13b），因此当较薄岩层中夹有较厚的岩层时，由于空间上的矛盾会形成次级断层（图 1.13c），该断层向枢纽部位逆冲，穿过枢纽部位，并楔入到另一翼岩层中，Ramsay（1974）将褶皱次级断层称为翼部逆断层。

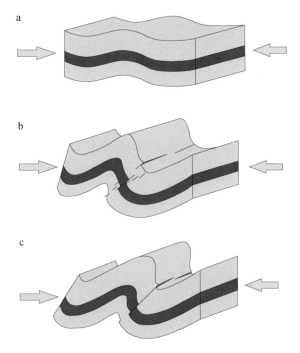

图 1.12　前翼剪切断层调节褶皱的发育过程（据邓洪旦，2013）

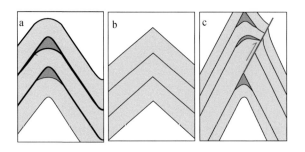

图 1.13　褶皱变形与岩层厚度的关系（据 Ramsay，1974）

3. 膝折带褶皱模型

Mitra（2002）认为前翼空间断层调节褶皱的形成机制与枢纽相关断层调节褶皱形成机制类似。地层的弯曲会导致空间问题的产生，褶皱前翼产状较陡立，向背斜之间褶皱的曲率会有明显的变化，当上部岩层的两个轴面汇聚相交于一点时（图 1.4a），会导致下部地层曲率显著增加，需要进行空间调节。这时，可能在核部形成高角度逆断层，即褶皱枢纽断层；也可能在褶皱前翼形成贯穿底部岩层的低角度逆断层，即前翼空间调节断层，来容纳剪切量。前翼空间调节断层进一步向上发育，可能贯通地层，与向斜核部发育的背离向斜逆断层连接，最终形成前翼-后翼逆断层调节褶皱（图 1.5）。

1.3.4　反冲断层调节褶皱的成因机制

反冲断层调节褶皱的发育也与空间调节有关，Mitra（2002）对反冲断层的形成与形态进行了简单探讨，认为在断层传播褶皱中，地层单元沿着断层弯曲处（图 1.6）爬升的过程中，会产生反冲断层构造。随着地层的继续爬升，反冲断层会发生弯曲，分为较陡和较缓的两段断层（图 1.6）。反冲断层继续发育，并贯穿到向斜的前翼时，由于褶皱过程前翼产状变陡，其中的反冲断层部分也会变得陡立，最终形成一个"Z"形态的断层样式。

1.4　断背斜的模拟方法

近年来，断层调节褶皱的研究逐渐受到学者们的重视，其机制研究与其在地质体构造解释中的应用也日益增多，但相比于断层相关褶皱的研究，断层调节褶皱的研究目前依然较少。

虽然前人对断背斜模拟的研究多数针对的是断层相关褶皱，很少针对断层调节褶皱，但前人运用物理模拟或数值模拟的方法研究断背斜、冲断带和增生楔等相关构造类型时，其模拟过程中往往出现类似断层调节褶皱的特征。值得关注的是，前人把研究区模拟结果中生成的构造样式都解释成断层相关褶皱，对于盐上是比较符合实际的，但模拟的构造变形过程显示盐下构造变形是先发生挠曲变形进一步发育成褶皱，最后在褶皱枢纽或前翼变形强烈的部位形成断层，可见盐下构造很可能是断层调节褶皱。

1.4.1　断背斜的物理模拟

1. 逆断层带的物理模拟

Couzens-Schultz 等（2003）对加拿大阿尔伯塔地区逆断层带进行的物理模拟展示了明显的断层调节褶皱的特征（图 1.14）。模型中彩色砂层的变形体现出褶皱翼部逆断层的特征，很可能是断层调节褶皱（图 1.14）。在其挤压过程中，由于地层缩短挠曲而形成向斜背斜带，其中多数向斜的前翼倾角变陡，依据 Mitra（2002）提出的褶皱前翼剪切断层形成模式，陡倾前翼中以微破裂释放剪切量，并逐渐形成断层，这与模拟结果中的褶皱-断层形态较为类似。同时，部分褶皱前翼部位出现反向的挠曲现象（图 1.14），这可能进一步发育为反冲断层。

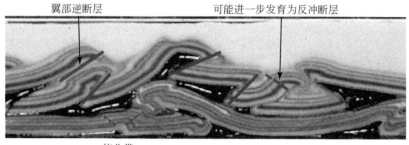

图 1.14 加拿大阿尔伯塔地区逆断层带物理模拟（据 Couzens-Schultz et al.，2003）

黑色地层为盐层

2. 增生楔的物理模拟

挤压初始阶段，地层发生明显挠曲，产生 3 条挠曲带，靠近挤压端 1、2 挠曲带之间地层上拱形成不对称褶皱；继续挤压，褶皱继续发育，且 1、2、3 挠曲带继续发育，两者间产生新的褶皱，两个褶皱都为不对称褶皱，它们的向斜前翼都有很大的倾角；继续挤压，产生新的挠曲带，而且前 3 个挠曲带由于褶皱前翼高倾角而产生的剪切作用，逐渐错断开来，由挠曲带发育为断层，这三个断层从形成机制上可以划分为褶皱前翼逆断层（前翼剪切断层）；挤压的最后阶段，褶皱与断层发育充分，且部分褶皱的前翼部分出现反向的挠曲带，从其较大断距来看，挠曲带发育为反冲断层（图 1.15）。

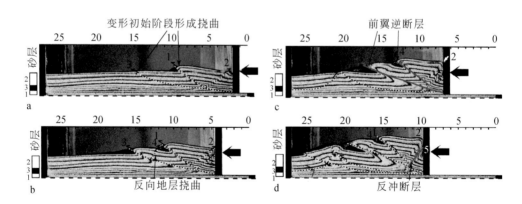

图 1.15 增生楔物理模拟结果展示（据 Mourgues and Cobbold，2006）

3. 褶皱冲断带的物理模拟

Koyi 等（2008）为研究褶皱冲断带内地震活动特征设计了物理沙箱实验。虽然此实验是为模拟褶皱冲断带而设计的，但其结果显示了良好的断层调节褶皱的特征。在形成的一系列褶皱带中，其向斜往往变形剧烈，向斜前翼甚至发生了倒转，这会产生较大的剪切量，需要通过形成前翼逆断层来调节。背斜的前翼部分在翼部逆断层的基础上向斜上方滑动，靠近核部的前翼部分发生反冲现象，这与邓洪旦（2013）提到的断层调节褶皱的形成机制非常类似（图 1.16）。

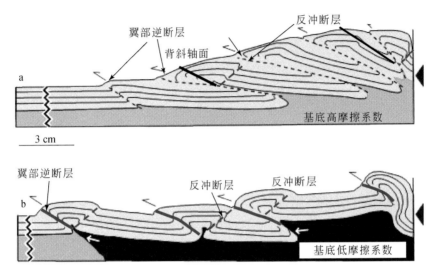

图 1.16　褶皱冲断带物理模拟（据 Koyi et al.，2008）

4. 盐构造的物理模拟

汪新等（2010）的盐构造物理模拟实验结果表明，靠近挤压端的构造前缘变形非常剧烈，断层具有较大断距。其前缘的两个褶皱均为不对称褶皱，其背斜的后翼均陡立且发生了反转，前缘的两个断层很可能是褶皱翼部反转过程中由于巨大的剪切作用产生的翼部调节逆断层（图 1.17）。构造最前缘背斜的前翼地层出现"反向挠曲"现象，很可能继续发育为反冲断层。构造后缘构造变形明显较弱，可以看到挠曲带与断层的明显区别，前者的地层并未断开。这个挠曲带有可能最终发育为断层而形成翼部逆断层调节褶皱。

尹宏伟等（2011）在物理模拟实验中选择硅胶来模拟岩盐，选择石英砂来模拟脆性地层。模型构造前缘受到挤压强烈，在初始阶段先发生挠曲和褶皱变形，没有展现出褶皱-断层的关系。但模型中部盐上地层的变形阶段性很明显：挤压初始阶段，地层未发生明显挠曲；随着挤压进行，模型进一步缩短，上覆地层逐渐开始发生弯曲，褶皱开始发育（图 1.18c、d）。褶皱向斜前翼倾角变陡立，挠曲带发育，褶皱不对称；随着挤压继续加强，向斜前翼发生倒转，其上的挠曲带发育为褶皱翼部调节逆断层，而且断层断距较大。

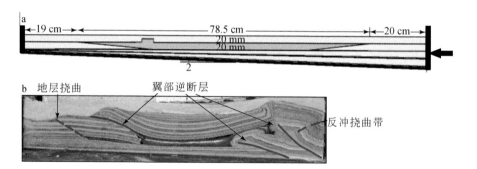

图 1.17　盐构造物理模拟实验 A（据汪新等，2010）

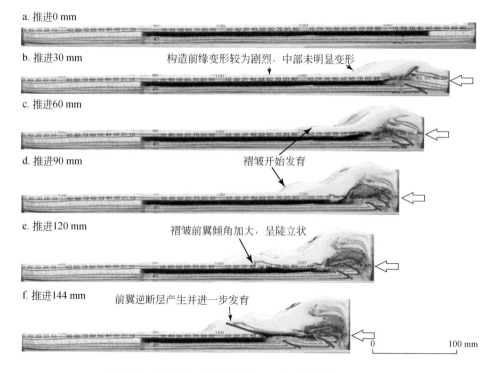

图 1.18　盐构造物理模拟实验 B（据尹宏伟等，2011）

5. 山前冲断带的物理模拟

Deng 等（2013）模拟了地层在遭受挤压产生变形，之后接受剥蚀形成不整合面，而又接受沉积并继续变形的全过程。图 1.19 模型 a 展示了剥蚀前地层的变形情况，强烈挤压下，水平层发生强烈挠曲，形成褶皱，翼部发生倒转，产生一系列翼部逆断层；模型 b 为剥蚀而又接受沉积后，整体的变形情况，早先形成的断层调节褶皱继续发育，断层向上生长并影响到沉积盖层的变形，使盖层进一步发育断层相关褶皱（图 1.19）。

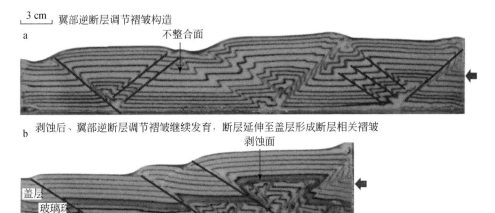

图 1.19　山前冲断带物理模拟（据 Deng et al.，2013）

变形过程中，地层初始为水平层状态，在第一期挤压作用下，褶皱形成且褶皱翼部发生倒转，强烈剪切导致翼部逆断层的产生（图 1.19a）；而后接受剥蚀与新的沉积形成不整合，这个过程中，底部先存构造未受到影响（图 1.19b）；最后整体接受挤压变形，先存断层调节褶皱继续发育，会对新的水平沉积层产生影响，断层延伸到上部地层，并产生对应的断层相关褶皱（图 1.19b）。

1.4.2　断背斜的数值模拟

随着计算机技术的发展，数值模拟的应用不断受到学者重视。相比于传统物理模拟实验，数值模拟具有周期短、低成本、可调性高的优点。数值模拟方法主要包括两种：有限元方法和离散元方法。针对褶皱与断层相关的研究中，通常涉及大变形与破裂，因此离散元数值模拟方法比有限元方法适用性更高。离散元方法又被称为"数字沙箱"，通过构建一个自由弹性粒子组成的系统，并给系统施加外力来观测系统运动行为及运动学特征，它允许粒子间较大相对位移，可以很好模拟大形变大位移的构造变形过程，非常适用于研究断层和褶皱的成因动力学问题。

1. 断背斜的有限元数值模拟

Simpson（2006）模拟运用有限元数值模拟 Galerkin FEM 软件，该模拟使用了 1284 个单元，其结果与上文中物理模拟具有相似性。当缩短率达到 10% 时，构造前缘产生挠曲，挤压端位置形成早期褶皱；当缩短率达到 20% 时，多个褶皱开始发育，且两翼角减小，部分翼部呈陡立状态，从绿色层挠曲程度分析，向斜前翼部位产生了褶皱翼部逆断层。当缩短率达到 30%时，褶皱翼部逆断层继续发育，褶皱更加紧闭，部分背斜前翼产生反冲断层，从构造前缘褶皱核部复杂变形中，可以看到其形态可能为枢纽断层，这在前述的一系列模拟中都未曾出现过（图 1.20）。

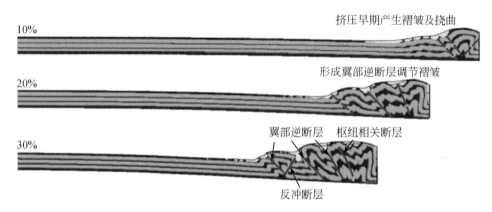

图 1.20　断背斜的有限元数值模拟（据 Simpson，2006）

2. 断背斜的离散元数值模拟

孟令森等（2007）利用离散元方法模拟断层相关褶皱的形成过程，并讨论了岩石强度与应变速率的影响，模型由一个较强的上覆地层与一个较弱的下伏盐层组成，颗粒总数 5400 个，在慢速挤压缩短下，呈现如下结果（图 1.21）。

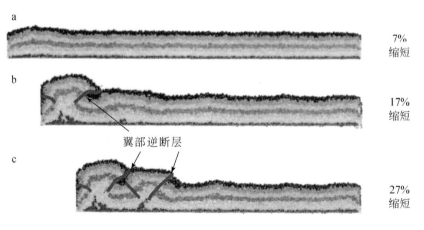

图 1.21　断背斜的离散元数值模拟（据孟令森等，2007）

当缩短率为 7%时，挤压端地层拱起形成褶皱；当缩短率为 17%时，向斜前翼已成近直立状态，但颗粒依然相连，还未产生断层；当缩短率达到 27%时，颗粒发生分离，说明地层被断层错开，向斜前翼逆断层已形成（图 1.21）。这个过程与上文介绍的前翼剪切断层发育机制非常吻合。

1.5　小　　结

虽然前人对断背斜的物理模拟和数值模拟都是为了研究断层相关褶皱或者褶皱冲断带而设立的，而且都解释为断层相关褶皱，即先断后褶，但从他们的模拟结果都可以找到先褶后断的现象，均存在断层调节褶皱（Storti and Salvini，1997；Richard，1998；Erickson et al.，2001；Strayer and Suppe，2002；Cardozo et al.，2003；Luján et al.，2003；Finch et al.，2004；McClay et al.，2004；Mourgues and Cobbold，2006；Sherkati et al.，2006；Bonini，2007；Bonnet et al.，2007；Bernard et al.，2007；Akrout et al.，2016；Yang et al.，2014；Albertz and Lingrey，2012；Li and Qi，2012；谢会文等，2014；龚艳萍等，2014；Li and Mitra，2017）。这说明前人实验结果的解释方案是可以做出调整的，不能把全部断背斜都解释为断层相关褶皱，有一些断背斜很可能属于断层调节褶皱。

在这些模拟中，我们根据实际的变形过程和褶皱断层形成的先后顺序，可以看到断层调节褶皱的形成基本上遵从如下过程：水平层—挠曲产生—褶皱形成—产生断层调节褶皱—断层调节褶皱继续发育，最后有可能在断层进一步活动的基础上转化为断层相关褶皱。实际上断层相关褶皱与断层调节褶皱的区别在于断层与褶皱发育的先后并没有本质上的矛盾，断层调节褶皱可以发育于断层相关褶皱系统中；同样的，断层相关褶皱系统中的主断层也可以在先存的断层调节褶皱内部的逆断层基础上进一步发育而成（Deng et al.，2013）。

虽然在大量的模拟中可以找到断层调节褶皱的存在，但主要为翼部逆断层调节褶皱和反冲断层调节褶皱，另两类构造——枢纽相关断层调节褶皱与楔入褶皱逆断层调节褶皱很少看到，这些模拟的尺度较大，未能观察到褶皱内部细致变化；同样也说明目前对断层调节褶皱的关注依然较少，不论是对断层调节褶皱的研究还是依据断层调节褶皱模式开展地震解释都比较缺乏，依然处于探索阶段。

第2章 库车拗陷盐下构造的地震解释与分析

地震资料的解释对于塔里木盆地库车拗陷的构造油气藏，尤其对盐下深层构造油气藏的勘探开发具有重要意义。由于早期库车拗陷盐下地震资料品质较差，前人对盐下地震资料的构造解释存在套用盐上构造模式的问题，已经逐步失去了对盐下油气藏勘探开发的指导性，甚至与油气田的生产实践相悖，因此对库车拗陷构造尤其对克拉苏构造带盐下构造重新进行地震解释是必要的。以油田最新的高品质地震资料为基础，地震解释严格遵从资料事实，避免对构造模式的依赖和套用，这对于研究区盐下构造的重新解析具有重要的意义，也为盐下构造成因机制研究奠定基础。

2.1 库车拗陷区域地质背景

2.1.1 区域地质概况

库车拗陷位于天山造山带之南的塔里木盆地北部，沉积了巨厚的中、新生代地层，厚度超过 10 km。在新生代，库车拗陷作为天山南缘的山前挠曲盆地，其构造变形及演化与天山造山带的发育密切相关（刘志宏等，2000；汪新等，2002；何登发等，2005）。库车拗陷北界为天山南缘大断层，南界则为塔北隆起。

库车拗陷构造复杂，对其构造特征认识也在不断深化。本次研究认为库车拗陷在中生代晚期为陆内断陷-拗陷盆地，新生代的库车拗陷具有前陆盆地的构造特征，但不是典型的前陆盆地，作为山前挠曲盆地比较合理（钱祥麟，2004）。

库车拗陷依据构造类型可以分为五条构造带（图 2.1）（王步清等，2009；能源等，2012），自北向南分别为：北部单斜带、克拉苏构造带、拜城凹陷、秋里塔格背斜带和阳霞凹陷。研究区主体位于库车拗陷内的克拉苏构造带。

克拉苏构造带长约 160 km，宽约 20 km，发育有库姆格列木背斜、喀桑托开背斜、依奇克里克背斜等断层相关褶皱（边海光等，2011）。褶皱轴部一般出露下白垩统及上侏罗统。克拉苏构造带自东向西依次划分为克拉 3 段、克深段、大北段、博孜段以及阿瓦特段。研究区主要位于克深段、大北段和博孜段（图 2.1）。

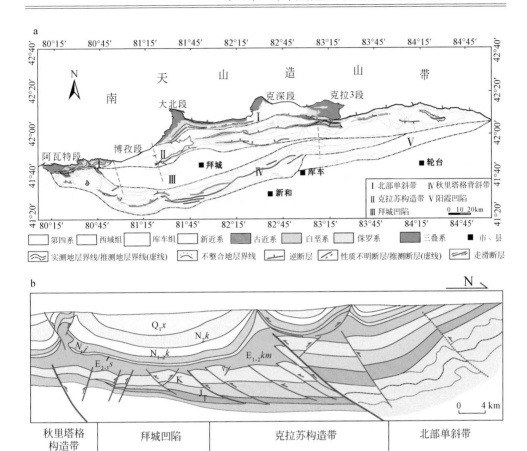

图 2.1　库车拗陷地质图（a）及构造剖面的单元划分（b）（据塔里木油田公司资料）

2.1.2　区域地层概况

1. 元古宇

元古宇主要由石英云母片岩、碳质云母片岩、云母石英岩、结晶片岩、片麻岩组成，夹石英岩、砂岩及角闪岩，构成了库车拗陷的基底。

2. 古生界

古生界出露于库车拗陷以北，通常人们将南天山古生界的出现作为库车拗陷的北界。本研究区地层未涉及古生界。

3. 中、新生界

在库车拗陷，中、新生界发育齐全，出露良好，分布广泛（图 2.3）。三叠系、侏罗系主要为一套还原环境下的暗色沉积，生物组合丰富多彩。白垩系主要为一套氧化环境下的红色沉积，生物门类较下伏地层稀少。

1）三叠系

库车地区的三叠系主要分布于库车拗陷的北部单斜带，地层出露良好，为一套陆相碎屑岩沉积，一般不整合于晚二叠世沉积岩或早二叠世喷发岩之上，厚度为165～1500 m（图2.2）。

（1）俄霍布拉克组（T_1eh）：主要岩性为两组灰绿色泥岩、砂岩和两组紫红色的砂岩、砾岩夹泥岩间互层，底部为一套灰褐色的底砾岩。

（2）克拉玛依组（T_2kl）：灰绿色的砂砾岩与泥岩不等厚互层，顶部具有一层具叠锥构造的黑色碳质泥岩。与下伏的俄霍布拉克组为整合接触。

（3）黄山街组（T_3h）：底部为块状砂岩、砾岩，中上为灰绿、灰黑色泥岩页岩、碳质泥岩夹薄层灰岩或灰岩透镜体。岩性以灰绿、灰黑色细粒湖相沉积岩为主，包含"两硬两软"两套旋回。

（4）塔里奇克组（T_3t）：主要由三个由粗至细的旋回组成，主要岩性为灰白色砾岩、中粗粒长石石英砂岩、泥质砂岩、灰色砂质泥岩及黑色碳质页岩夹煤层和红色"火烧层"。该组产植物、孢粉、大孢子、双壳类等化石，是库车拗陷中层位最低的主要开采煤层。底界为灰白色中厚层石英砂岩、砾岩，与下伏黄山街组整合接触。

2）侏罗系

研究区侏罗系分布与三叠系大致相同，为一套含煤陆相沉积，底界与三叠系整合接触，顶界与白垩系假整合接触，一般厚1450～2072 m（图2.2）。

（1）阿合组（J_1a）：主要岩性为浅灰、灰白色厚层-块状砾岩、含砾粗砂岩、粗砂岩。底界为灰白色厚层块状砂岩、砾岩，与塔里奇克组接触界线清晰。

（2）阳霞组（J_1y）：灰、灰白色砂岩、砾岩、灰色泥质粉砂岩和深灰、灰黑色粉砂质泥岩、泥页岩及煤线组成多个正向韵律层，顶部具30～60 m的黑色碳质页岩标志层。与下伏阿合组整合接触。

（3）克孜勒努尔组（J_2k）：灰白-灰绿色细砾岩、含砾砂岩、砂岩与绿灰-灰黑色粉砂岩、泥页岩及煤层和煤线组成多个正向韵律层。与下伏阳霞组顶部整合接触。

（4）恰克马克组（J_2q）：绿-紫色泥岩、砂质泥岩、粉砂岩夹砂岩，局部有深灰色油页岩及泥灰岩，为一套湖相沉积，含油页岩及成层的泥灰岩。底界灰绿色细砂岩、泥岩与克孜勒努尔组整合接触。分布于研究区中西部的北单斜带及吐格尔明背斜北翼。

（5）齐古组（J_3q）：红色泥岩，下部夹灰白、黄灰、灰绿色泥灰岩、钙质粉砂岩条带。底界与恰克马克组整合接触。

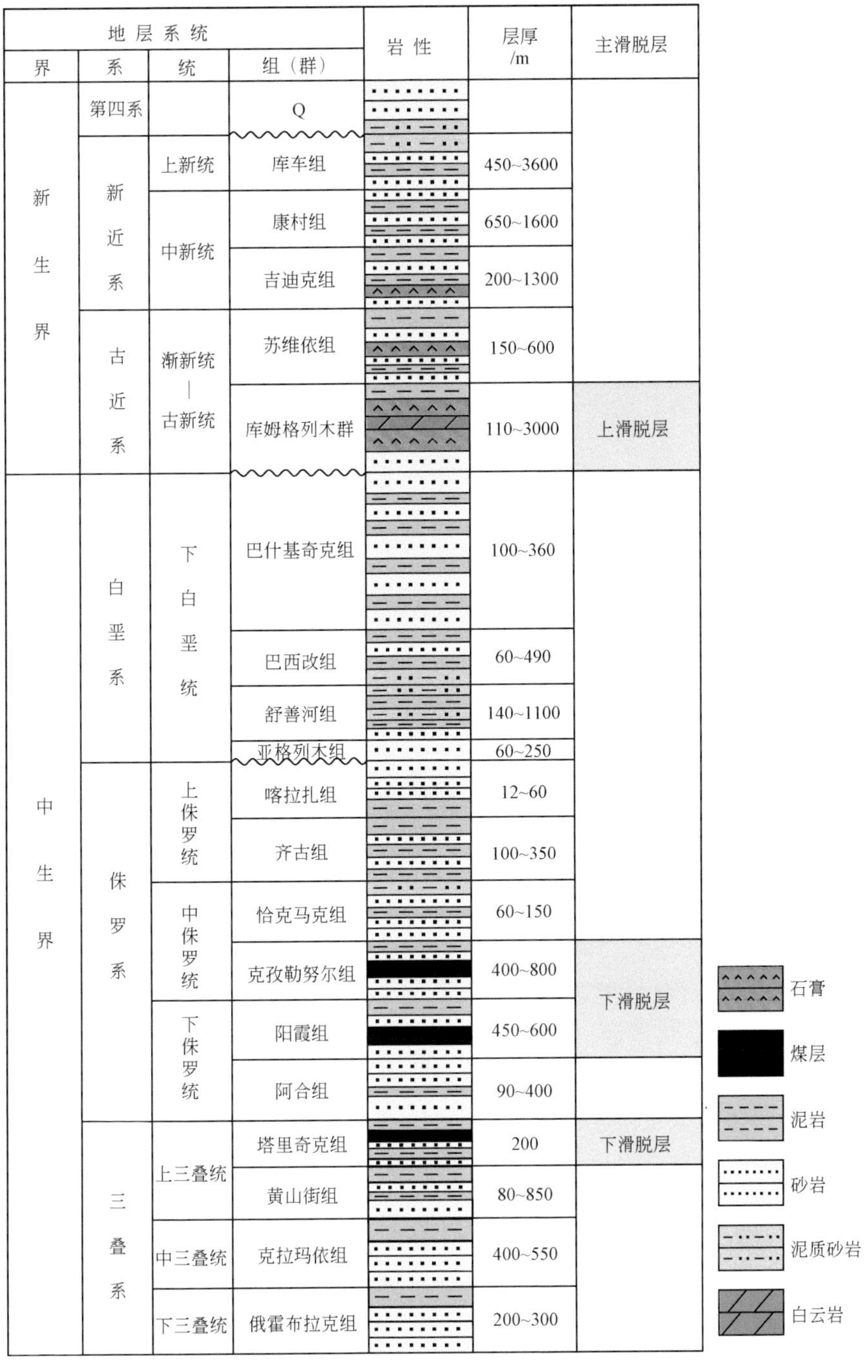

地层系统				岩性	层厚/m	主滑脱层
界	系	统	组（群）			
新生界	第四系		Q			
	新近系	上新统	库车组		450~3600	
		中新统	康村组		650~1600	
			吉迪克组		200~1300	
	古近系	渐新统—古新统	苏维依组		150~600	
			库姆格列木群		110~3000	上滑脱层
中生界	白垩系	下白垩统	巴什基奇克组		100~360	
			巴西改组		60~490	
			舒善河组		140~1100	
			亚格列木组		60~250	
	侏罗系	上侏罗统	喀拉扎组		12~60	
			齐古组		100~350	
		中侏罗统	恰克马克组		60~150	
			克孜勒努尔组		400~800	下滑脱层
		下侏罗统	阳霞组		450~600	
			阿合组		90~400	
	三叠系	上三叠统	塔里奇克组		200	下滑脱层
			黄山街组		80~850	
		中三叠统	克拉玛依组		400~550	
		下三叠统	俄霍布拉克组		200~300	

图例：
- ∧∧∧ 石膏
- ▉ 煤层
- --- 泥岩
- ·· 砂岩
- -·- 泥质砂岩
- ∥ 白云岩

图 2.2　库车拗陷区域综合柱状图（据塔里木油田公司）

（6）喀拉扎组（J_3k）：岩性为褐红色层状含钙质岩屑长石石英砂岩、细砾岩夹红色层状泥质粉砂岩、粉砂质泥岩。

3）白垩系

研究区白垩系分布于研究区中西部的北单斜带和克-依背斜带部分地区。主要为一套陆相紫红色碎屑岩沉积（图2.2）。

（1）亚格列木组（K_1y）：下部为砾岩，上部为砂岩及砾状砂岩。底界与下伏喀拉扎组褐红色砂砾岩假整合或不整合接触，两组之间有着十分明显的界面。

（2）舒善河组（K_1sh）：紫红、灰紫色粉砂质泥岩、粉砂岩夹灰绿、黄绿色粉砂岩、细砂岩、粉砂质泥岩、泥岩；底部为灰色泥页岩。该组底界与下伏亚格列木组整合接触，岩石均含钙质。

（3）巴西改组（K_1b）：黄灰、橘红色厚层-块状粉、细砂岩、粗砂岩夹同色含泥质粉砂岩、泥岩。

（4）巴什基奇克组（K_1bs）：粉红色厚层块状砂岩夹含砾砂岩、泥质粉砂岩、含钙质泥岩，下部为紫灰色厚层块状砾岩。上部粉红色砂岩，下部紫灰色砾岩是其主要特征。底界与下伏巴西改组黄褐色块状砂岩假整合接触。分布于克孜勒努尔沟至卡普沙良河之间。

4）古近系

（1）库姆格列木群（$E_{1-2}km$）：底部为灰白、浅灰色泥灰岩；下部为紫红色砂砾岩与同色泥岩、粉砂岩、石膏岩互层；上部为紫红色泥岩。产孢粉、轮藻、腹足类、介形类化石。

库姆格列木群在库姆格列木、巴什基奇克背斜一带与巴什基奇克组平行不整合接触，在依奇克里克地区与舒善河组平行不整合接触。

（2）苏维依组（$E_{2-3}s$）：红色的碎屑岩沉积。该组产介形类、孢粉、轮藻化石。

5）新近系及第四系

（1）吉迪克组（N_1j）：吉迪克组岩性变化较大，可以分为东南部类型、中西部类型。本区主要见东南部类型，该类型分布于东部吐格尔明、依奇克里克和南部秋里塔格山区。主要岩性为褐红色泥岩夹多层较厚的灰绿色泥岩条带以及厚层膏盐沉积。该组产孢粉、介形类、轮藻、腹足类、植物等化石。

（2）康村组（N_1k）：岩性变化较大，总体为棕红色砂砾岩，褐红色砂岩和同色泥岩互层，棕褐、红色泥岩、砂岩互层，产丰富介形类、轮藻并见植物、腹足类、脊椎动物等化石。

（3）库车组（N_2k）：岩性变化大，总体由北至南岩性逐渐变细，为黄灰色砾岩，灰、黄灰色砂岩、粉砂质泥岩与砾岩互层。

2.1.3　区域构造演化

库车拗陷发育在天山褶皱带与塔里木板块北缘的接合部。前人通过分析盆地的沉积、构造样式，并与盆地邻近的造山带的形成与演化联系起来，恢复和重建了地质历史时期盆地原型和叠加过程（张良臣和吴乃元，1985；杨庚和钱祥麟，1995；贾承造，1999；田作基和宋建国，1999；刘志宏等，1999；刘和甫等，2000；汪新等，2002；杨庚等，2003；汤良杰等，2004；何登发等，2005；李勇等，2017）。本书在前人研究基础上将库车拗陷中生代以来（成盆期）的演化过程划分为三个阶段。

1. 二叠纪—三叠纪伸展-挤压阶段

二叠纪塔里木盆地及邻区广泛发育溢流玄武岩，为板内伸展的裂谷环境。二叠纪末塔里木盆地北部存在一期挤压活动，三叠纪研究区自北向南发育冲积扇相、河流相、三角洲相和湖相沉积，纵向上为湖进到湖退的沉积旋回。

2. 侏罗纪—古近纪湖盆发育阶段

此阶段盆地垂向上经历了三阶段连续沉积及三次沉积间断，而在横向上表现为湖盆扩大—萎缩—再扩大—再萎缩—海侵的过程，体现了宁静-活动交替的特点。盆地沉积中心及沉降中心紧邻山前，剖面上表现为一个北厚南薄、向南不断超覆的不对称楔形盆地。

3. 新近纪—第四纪山前挠曲盆地发育阶段

新近纪以来，印度板块与欧亚大陆碰撞的远程挤压效应导致上新世天山山脉急剧隆升，发生陆内造山运动。研究区自喜马拉雅晚期以来构造活动是极为强烈的，库车-塔北地区受天山陆内造山活动及向盆地方向的冲断推覆和沉积载荷的影响，形成以拜城和阿瓦提西北缘为沉降中心，以塔北隆起为前隆的山前挠曲盆地。新生代的库车拗陷在构造和形态方面近似前陆盆地，但实质上并不是典型的前陆盆地，而是山前挠曲盆地，亦被称为再生前陆盆地。

2.2　库车拗陷地震解释与分析

2.2.1　库车拗陷克拉苏构造带地震解释与分析

早期地震资料在深部盐下地区清晰度较低，因此常套用盐上断层相关褶皱模式来指导地震解释，所有盐下构造的解释都往断层相关褶皱模式上靠拢。随着盐下构造的裂缝垂向分带特征的发现（Sun et al., 2017），断层相关褶皱模式在盐下地区已不再适用，而近年来，东方地球物理公司在库车拗陷克拉苏构造带获得了新的一批高品质叠前深度偏移的三维地震资料，盐下地区的地震资料可信度大幅提高。本研究基于最新地震资料进行地震解析，发现部分早期叠瓦逆冲推覆构造在盐下地层主断层处未见明显断距，同时早期解释方案中很多盐下断层在深部的延伸穿过侏罗系煤层并在煤下基底滑脱层中收敛，然而高品质的三维地震资料中这些断层在煤层及煤下地层是没有明显被断层错断迹象的，这说明早期断层相关褶皱模式化的解释方式是存在问题的，需要对地震资料进行重新解释以寻找符合实际的盐下构造模式。

克拉苏构造带选取的地震剖面为南北向，可以展现自北向南整体的构造分布特征与变化特征。克拉苏构造带三维地震资料品质较高，通过地震道峰值可以清晰地分辨出各期地层、膏盐层以及侏罗系煤层，并较准确地追踪其延伸、起伏及错断的特征。在地震解释工作之前，先对主要地层库车组、康村组、吉迪克组、苏维依组、库姆格列木组和白垩系巴什基奇克组进行井-震标定确认，其层位具有足够的可信度。研究区盐上地区的构造样式仍然按断层相关褶皱模式解释，因此不多予描述，本章着重对盐下构造重新进行地震解释及分析。

早期前人的解释方案中未引入挠曲和膝折带的解释方案，对于发生挠曲或膝折带但未发生明显错断的地层没有明确的解释标准（图 2.3），有些直接解释为断层，有些类似的状况则因断层过小而未进行地震解释，这显然是不符合实际的。

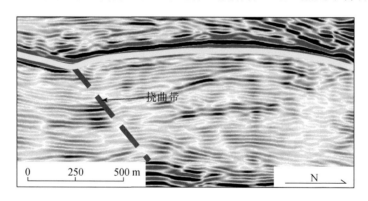

图 2.3　地震剖面中的地层挠曲现象

为了避免套用构造模式进行地震解释，我们在地震解释过程中更尊重地震资料事实、更注重细节，尽量避免推测。地震剖面中的地震波波形发生一定弯曲但未产生明显错断的位置（图 2.3）解释为挠曲（地震解释时以虚线表达）。本次地震解释工作中严格依据不同地层断点来解释断层，通过找寻断点确定断层的延伸，有地震波形和相位发生错开的断点处解释为断层，而其他位置，如地层明显弯曲的构造则解释为地层挠曲。另外，克拉苏构造带地震资料中盐下目的层巴什基奇克组顶面地震反射强烈，结合塔里木油田公司的井-震标定工作，可以准确追踪该目的层的展布，目的层中的地层错断也可以准确识别，然而目的层以下的侏罗纪—白垩纪地层地震反射较弱，地震反射错乱且不明显，难以准确识别其中的断层断点，这导致盐下断层向下的延伸难以追踪。对于这种现象，早期的地震解释方案套用盐上断层相关褶皱模式强行解释盐下构造，这是不合理的；我们严格依据高品质地震资料的基本事实，在白垩系上部地层错断处解释为断层，有明显断距，而下部无明显断距处则解释为地层挠曲，向下延伸至煤层或逐步消失，整体表现为"上断下挠"的现象（图 2.4）。Sun 等（2017）的研究表明研究区盐下巴什基奇克组构造裂缝具有垂向分带特征，顶部张性区裂缝密集发育，而底部则变形较弱。这表明目的层顶部张性区通过破裂（裂缝或断层）以调节变形，而在目的层下部（过渡带及压扭带）裂缝较少（过渡带应力不集中），变形以地层缩短或挠曲形式来调节，因此我们采用"上断下挠"方式进行断层的解释是尊重地震资料的，是比较合理的（图 2.4）。

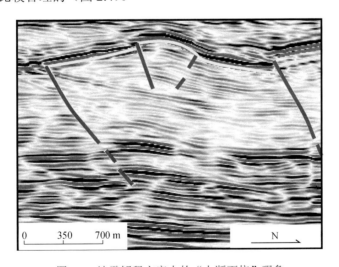

图 2.4　地震解释方案中的"上断下挠"现象

　　研究区位于克拉苏构造带中部（图 2.1），总体上，克拉苏构造带不同位置的构造样式整体上比较类似，表现为自北向南构造变形由强变弱，北部山前区域盐下构造变形非常强烈，发育深大断层，底部可延伸至基底，构造内部发育有规模较小的断层（图 2.5）；中南部地区盐下构造变形减弱，断层规模、断距以及断层东西向的连通性均显著减小（图 2.5）。东西向上，变形强度依然有一定差异。克拉苏构造带盐下断层基本为近东西走向，部分断层东西延伸过程中其断层要素发生了较大改变。

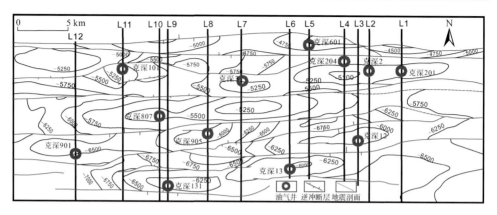

图 2.5　克拉苏构造带盐下巴什基奇克组顶面深度（单位：m）及地震解释剖面分布图

　　本研究自东向西选取了 12 条地震剖面进行了构造解释，剖面为南北向，经过的井大体位于各断背斜构造高点位置（图 2.5），构造起伏更大，便于地震解释以及构造模式的研究。

2.2.1.1　克拉苏构造带东部盐下构造地震解析

　　克深 201 剖面（L1）位于克拉苏构造带最东部（图 2.5）。剖面北段地区发育较紧闭的开阔褶皱。褶皱南翼发育两条深大断层，断层切穿侏罗系煤层，可延伸至基底，克拉 2 背斜南翼断层规模较大，断距超过 1000 m，克深 6 背斜南翼断层规模略小于前者，断距约 500 m；最北段克拉 2 区块北翼发育有一条大型的反冲断层，反冲断层断距底部与南翼逆冲断层相连，形成反冲构造，使克拉 2 构造剧烈向上冲起。克拉 2 反冲构造内部发育有数条小断层及地层挠曲（图 2.6），这些次级构造多为高角度逆断层，向褶皱核部逐步延伸，构造顶部断点位于巴什基奇克组顶面，地层错动较为明显，但未见底部断点，在向褶皱核部延伸过程中便逐步消失，因此这类构造上段解释为断层，下段虽未见断点，但附近地层地震道有弯曲现象，与地层挠曲相似，解释为挠曲带（图 2.6）。

　　中段克深 2-克深 12 区块构造变形减弱，背斜主体为平缓褶皱，内部偶有小型次级断层存在，且断层延伸较短，下部为挠曲带并逐渐消失。克深 2 背斜南翼断层规模较大，断距约 260 m，断层延伸至侏罗系煤层中，煤下发育有少量小断层，但与煤上构造没有关联，盐下断层没有切穿煤层并向下延伸的迹象。克深 12 背斜南翼断层断距约 180 m，断层向下延伸并逐渐转换为挠曲带，与煤层的挠曲相连，煤层未发生明显错断。中段各背斜北翼依然有反冲断层或反冲挠曲带发育并形成反冲构造，克深 12 反冲构造内部有小断层发育，断层发育较短并逐渐转变为地层挠曲（图 2.6）。

南段克深 13-克深 15 区块构造变形进一步减弱，发育非常宽缓的平缓褶皱，断层规模进一步减小，克深 13 南翼断层断距约 200 m，下部未见明显断点，通过挠曲带延伸至煤层；克深 13 区块内部发育反冲挠曲带，地层发生挠曲，但未出现明显的错断，因此未解释为断层。总体上，克深 201 剖面北段背斜内部有少量小断层产生，中段和南段的褶皱内部仅有少量挠曲带存在（图 2.6）。

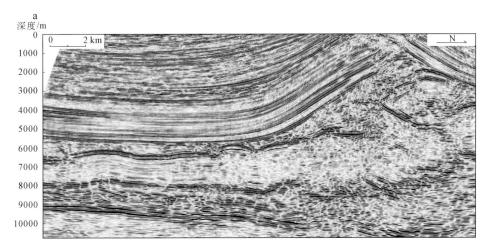

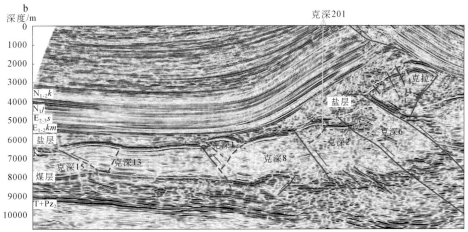

图 2.6　克拉苏构造带过克深 201 井剖面（L1）地震剖面（a）及地震解释方案（b）

克深 2 剖面（L2）位于克拉苏构造带东部（图 2.5），与克深 201 剖面整体类似。剖面北段发育较紧闭的开阔褶皱。克拉 2 背斜和克深 6 背斜南翼各发育一条深大断层，断层切穿侏罗系煤层，可延伸至基底，克拉 2 背斜南翼断层规模较大，断距约为 1200 m，克深 6 背斜南翼断层规模略小于前者，断距约 300 m；最北段克拉 2 区块北翼发育有一条大型的反冲断层，反冲断层断距底部可能通过挠曲带与南翼逆冲断层相连，形成反冲构造。克拉 2 反冲构造枢纽附近发育一条高角度逆断层（图 2.7），向褶皱核部逐步延伸，顶部断点位于巴什基奇克组顶面，在向褶皱核部延伸过程中逐步消失，因此上段解释为断层；下段未见断点，但结合附近地层地震道的弯曲现象解释为挠曲（图 2.7）。

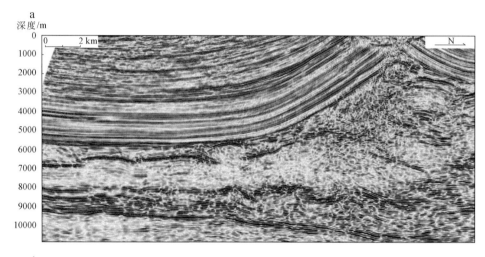

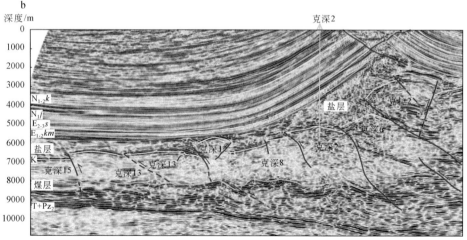

图 2.7　克拉苏构造带过克深 2 井剖面（L2）地震剖面（a）及地震解释方案（b）

中段克深 2-克深 12 区块构造变形减弱，发育平缓背斜，背斜内部发育少量小型断层，延伸较短消失在盐下地层中。克深 2 背斜南翼断层规模较大，断距约 300 m，但断层延伸较短，断层附近地层未出现下部断点，难以延伸至侏罗系煤层，没有切穿煤层并向下延伸。克深 12 背斜南翼断层断距约 600 m，断层规模较大但延伸较短，断层附近地层未出现下部断点，而是通过挠曲延伸至侏罗系煤层并与煤层的挠曲相连，煤层未发生明显错断。煤下发育有小断层及挠曲，但与煤上构造没有关联。克深 12 区块背斜北翼依然有反冲断层发育并形成反冲构造，反冲构造内部未见明显的断层或挠曲（图 2.7）。

南段克深 13-克深 15 区块构造变形进一步减弱，发育非常宽缓的平缓褶皱，断层规模进一步减小，克深 13 南翼断层断距约 300 m，下部未见明显断点，通过挠曲带延伸至煤层；克深 13 区块中段发育一条大型挠曲带，地层挠曲程度较低，但规模较大，贯穿整个盐下地层延伸至煤层；北段发育小型反冲挠曲带（图 2.7）。总体上，克深 2 剖面北段背斜内部仅有一条小断层，而中段和南段的褶皱内部仅有少量微型断层和挠曲存在（图 2.7）。

克深 12 剖面（L3）位于克拉苏构造带东部（图 2.5）。剖面北段发育较紧闭的开阔褶皱。两个背斜南翼各发育一条深大断层，断层切穿侏罗系煤层，可延伸至基底，克拉 2 背斜南翼断层规模巨大，断距超过 1500 m，克深 6 背斜南翼断层规模小于前者，断距则减小至约 300 m；最北段克拉 2 区块北翼发育有一条反冲断层形成反冲构造，反冲断层规模很小，向背斜内部延伸过程中迅速消失，以背斜地层的挠曲吸收变形量。克拉 2 反冲构造内部发育有小断层及地层挠曲（图 2.8），一条高角度逆断层发育于目的层中，顶部断点位于巴什基奇克组顶面，未发现底部断点，断层下段在向褶皱核部延伸过程中便逐步消失，解释为挠曲带（图 2.8）。

中段克深 2-克深 12 区块构造变形减弱，背斜主体为平缓褶皱，各区块内部未见明显次级断层。克深 2 和克深 8 背斜南翼断层规模均较小，前者断距约 300 m，后者断距仅约 150 m，两断层向下延伸过程中逐渐消失，无法延伸至侏罗系煤层中；煤下发育有少量挠曲带，但煤下挠曲带与煤上断层无明显关联；克深 8 背斜南翼发育一条小型挠曲带（图 2.8）。克深 12 背斜南翼断层断距骤然增大，可达 650 m，断层向下延伸并进入煤层中，断距逐渐减小，煤层处断距减小至 100 m 以下，断层没有切穿煤层迹象，煤下构造无明显断层或挠曲（图 2.8）。克深 12 背斜北翼依然有反冲断层发育并形成反冲构造，断层在盐下地层中逐渐转变为挠曲，反冲构造内部无小断层发育（图 2.8）。

南段克深 13-克深 15 区块构造变形进一步减弱，发育非常宽缓的平缓褶皱，断层规模进一步减小，克深 13 南翼断层断距约 200 m，下部未见明显断点，通过挠曲带延伸至煤层；克深 13 区块内部发育反冲挠曲带，地层发生挠曲。总体上，克深 12 剖面北段背斜内部仅有一条小断层产生，中段和南段的褶皱内部偶有少量挠曲带作为次级构造存在（图 2.8）。

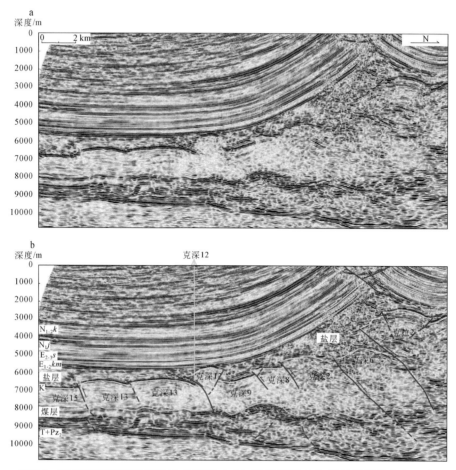

图 2.8 克拉苏构造带过克深 12 井剖面（L3）地震剖面（a）及地震解释方案（b）

结合上述地震解析，克拉苏构造带东部的克深 201-克深 12 剖面具有相似的变形特征，基本构造样式相近。剖面北段为深大断层，断层可延伸至基底，最北段克拉 2-克深 6 区块有一条大型的反冲断层，反冲构造内部发育有数条小断层（短线）或挠曲带（虚线）（图 2.6、图 2.7 和图 2.8），这些次级构造多为高角度，向褶皱核部延伸至最终尖灭；背斜变形较大，为较紧闭的开阔褶皱。中段克深 2-克深 12 区块构造变形减弱，背斜主体为平缓褶皱，内部偶有小型次级断层存在，且延伸较短，背斜北翼依然有反冲断层或反冲挠曲带形成反冲构造。南段克深 13-克深 15 区块构造变形进一步减弱，褶皱为两翼角很大的平缓褶皱，内部偶有少量逆冲或反冲的挠曲带，发育挠曲带处地层发生挠曲，但未出现明显的错断，因此未解释为断层。总体上，克深东部地区变形相对较弱，剖面北段背斜内部有少量次级断层产生，中段和南段的褶皱内部仅有少量挠曲带作为次级构造存在（图 2.6、

图 2.7 和图 2.8）。

2.2.1.2 克拉苏构造带中东部盐下构造地震解析

克深 204 剖面（L4）位于克拉苏构造带中东部（图 2.5）。剖面北段克拉 2 和克深 6 区块发育较紧闭的开阔褶皱。克拉 2 背斜南翼发育深大断层，断层切穿侏罗系煤层，可延伸至基底，断层规模较大，断距约 1500 m。克深 6 背斜南翼断层规模远小于前者，断距仅约 150 m；断层延伸较短，未发现明显的底部断点，在断层向下延伸过程中，逐渐转变为地层挠曲。克拉 2 背斜发育有一条大型的挠曲带，挠曲带范围内连续性较好同相轴发生明显弯曲，挠曲带发育于枢纽附近，呈高角度，从褶皱核部指向褶皱枢纽（图 2.9）。

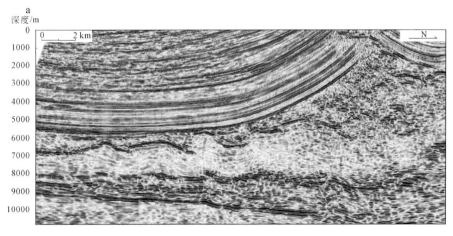

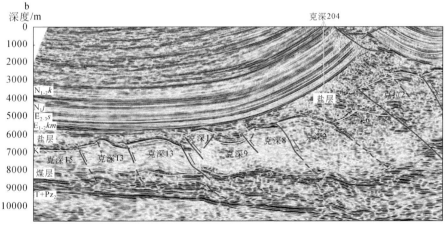

图 2.9 克拉苏构造带过克深 204 井剖面（L4）地震剖面（a）及地震解释方案（b）

中段克深 2-克深 12 区块构造变形减弱，主体为平缓褶皱，克深 9 区块为向斜构造。克深 2 背斜南翼断层规模较大，断距约 240 m，断层延伸较深，在深处转变为挠曲带并与侏罗系煤层相连，煤下并无断层存在。克深 8 背斜与克深 9 向斜由断层分隔，断层为中等规模，断距约 250 m，延伸至盐下层中部并消失。克深 12 为一反冲构造，背斜南翼发育两条断层，北段断层规模中等，未能切穿盐下层，断距约 300 m；南段断层规模较大，切穿盐下层并延伸至侏罗系煤层中，煤下层有挠曲发育，但未与盐下构造相连。克深 8 构造内部有小挠曲带发育（图 2.9）。

南段克深 13-克深 15 区块构造变形进一步减弱，发育平缓褶皱，断层规模进一步减小，克深 13 南翼断层断距约 150 m，下部未见明显断点，通过挠曲带延伸至煤层；克深 13 区块内部发育逆冲断层将区块分隔为南北两部分，断层断距约 160 m，下部通过挠曲延伸至煤层中，煤下未见明显断层或挠曲。克深 13 南段的变形程度略大于北段，褶皱紧闭程度增加且在褶皱枢纽附近发育小挠曲。总体上，克深 204 剖面背斜内部有少量小挠曲带发育，北段的挠曲规模较大，而中段和南段的挠曲带规模很小（图 2.9）。

克深 601 剖面（L5）位于克拉苏构造带中东部（图 2.5）。剖面北段克拉 2 和克深 6 区块发育较紧闭的开阔褶皱。克拉 2 背斜南翼发育深大断层，断层切穿侏罗系煤层，可延伸至基底，断层规模较大，断距约 1100 m。克深 6 背斜南翼断层规模远小于克拉 2 背斜南翼断层，断距仅约 210 m；断层延伸较短，下端延伸至煤层中，煤下未见明显断层（图 2.10）。

中段克深 2-克深 12 区块构造变形减弱，主体为平缓褶皱，克深 9 区块为向斜构造。克深 2 背斜南翼断层规模较大，断距约 400 m，断层延伸较深，在深处转变为挠曲带并与侏罗系煤层相连，煤下存在一条挠曲带，但与盐下构造并无关联。

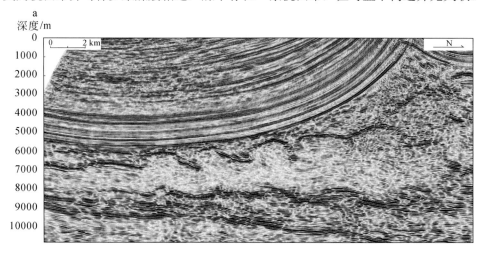

a
深度/m

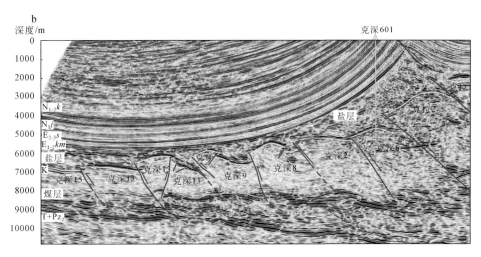

图 2.10　克拉苏构造带过克深 601 井剖面（L5）地震剖面（a）及地震解释方案（b）

克深 8 背斜与克深 9 向斜由断层分隔，断层规模较大，断距约 500 m，切穿整个盐下层并延伸至煤层中逐渐转变为挠曲，该断层并未彻底切穿煤层到达基底。克深 12 为一反冲构造，背斜南翼发育两条断层，两条断层规模中等，未能切穿盐下层，断距约为 300 m；南部断层延伸相对较深，断层底部转变为挠曲带与煤层相连，煤下层无明显断层、挠曲发育（图 2.10）。

　　南段克深 13-克深 15 区块构造变形进一步减弱，发育平缓褶皱。克深 13 南翼断层断距约 100 m，下部未见明显断点，通过挠曲带延伸至煤层；克深 13 区块内部发育逆冲断层将区块分隔为南北两段，断层断距较大，约 500 m，断层切穿盐下层进入煤层中，在煤层中转变为挠曲。克深 13 北段的变形程度远大于南段，褶皱紧闭程度明显增加，且在褶皱枢纽附近发育一条切穿盐下层的大断层及两条小断层。总体上，克深 601 剖面背斜内部有少量小断层发育，这些小断层主要发育在剖面南段（图 2.10）。

　　克深 13 剖面（L6）位于克拉苏构造带中东部（图 2.5），克拉 2 区块北侧的克拉 1 区块开始出现较明显的变形。剖面北段克拉 1-克深 6 区块发育较紧闭的开阔褶皱。克拉 1 背斜和克拉 2 背斜南翼发育深大断层，断层规模巨大，切穿盐下地层和侏罗系煤层，可延伸至基底，断距分别约 1400 m 和 1000 m（图 2.11）。克深 6 背斜变形程度则明显减小，背斜相对较平缓，南翼断层规模远小于北段两区块，断距仅约 400 m；断层延伸较短，未发现明显的底部断点，断层下端逐渐转变为地层挠曲延伸至煤层。克拉 1 和克拉 2 背斜内部发育有小断层或挠曲带，断层位于克拉 1 背斜中央，从背斜核部向转折端延伸，断层断距约 260 m；克拉 1 和克拉 2 背斜内各发育一条小挠曲，挠曲带范围内连续性较好同相轴发生明显弯曲，发育于褶皱翼部附近（图 2.11）。

中段克深 2-克深 12 区块构造变形减弱，主体为平缓褶皱，克深 9 区块为向斜构造。克深 2 背斜南翼断层规模较小，断距约 300 m，断层延伸较浅，下端转变为挠曲带并与侏罗系煤层相连，煤下存在少量挠曲带，但与煤上构造无明显关联。克深 8 背斜与克深 9 向斜由断层分隔，断层断距约 650 m，延伸至煤下层中并消失。克深 12 为一反冲构造，背斜南翼断层规模中等，切穿盐下层在煤层中转变为挠曲，断层在目的层中断距约 700 m。克深 8 构造内部有反冲断层发育，形成反冲构造（图 2.11）。

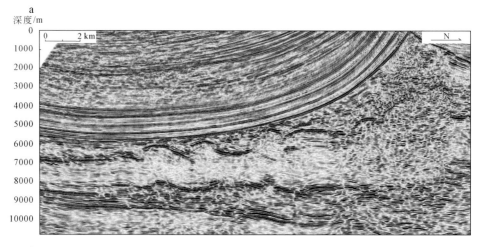

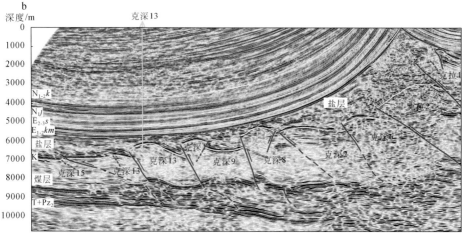

图 2.11　克拉苏构造带过克深 13 井剖面（L6）地震剖面（a）及地震解释方案（b）

南段克深 13-克深 15 区块构造变形进一步减弱，发育平缓褶皱，断层规模较小，克深 13 南翼断层断距仅约 150 m，断层倾角较小，下部未见明显断点，通过挠曲带延伸至煤层；克深 13 区块内部发育逆冲断层将区块分隔为南北两段，断层断距约 300 m，下部通过挠曲延伸至煤层中，煤下发育两条挠曲带。克深 13 南段的变形程度小于北段，褶皱紧闭程度较低，在褶皱枢纽附近发育小挠曲；克深 15 区块盐下地层中也有小挠曲发育。总体上，克深 13 剖面背斜内部有少量小断层及挠曲带发育，北段的小断层和挠曲规模较大，而中段和南段的挠曲带规模很小（图 2.11）。

克深 3 剖面（L7）位于克拉苏构造带中东部（图 2.5），与克深中东部的其他 3 条剖面相比，克深 3 剖面变形程度明显增大许多。剖面北段主要发育较紧闭的开阔褶皱，与前述剖面有明显差异的是，克深 3 剖面最北段的克拉 1 和克拉 2 构造冲起更加剧烈。克拉 1 背斜和克拉 2 南翼的深大断层规模巨大，切穿侏罗系煤层并延伸至基底，前者断距约 1800 m，后者断距也有约 1000 m。本剖面中克深 6 构造和克深 2 构造的界线较模糊，两者通过一条大型挠曲带分隔；克深 6 背斜南翼挠曲带在整套盐下地层中延伸，底部与煤层相连，挠曲附近连续性较好的同相轴发生较明显的弯曲（图 2.12）。克拉 1 背斜北翼发育有一条反冲断层形成反冲构造，反冲构造内部发育两条挠曲带，挠曲带附近的同相轴均发生明显弯曲；北段的挠曲带发育于枢纽附近，呈高角度，从褶皱核部指向转折端，南段的挠曲带则位于背斜南翼附近（图 2.12）。克拉 2 构造被一条深大断裂从中断开，北段明显冲起。

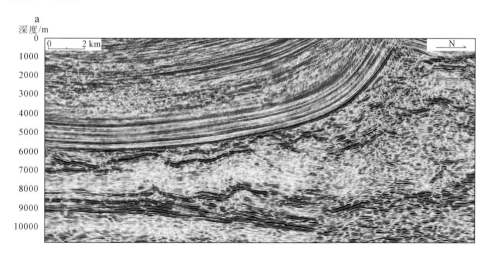

a
深度/m

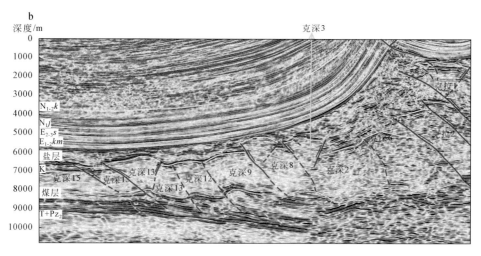

图 2.12　克拉苏构造带过克深 3 井剖面（L7）地震剖面（a）及地震解释方案（b）

中段克深 2-克深 12 区块构造变形减弱，主体为平缓褶皱，克深 9 区块为向斜构造。克深 2 和克深 8 区块变形较为强烈，两背斜南翼断层断距约 400 m，两断层均未切穿盐下地层，在深处转变为挠曲带与侏罗系煤层相连，煤下无断层或挠曲存在。克深 2 与克深 8 背斜内部均发育反冲断层形成反冲构造，克深 2 反冲构造内部有小挠曲发育。克深 9 与克深 12 构造变形则明显减弱，两背斜南翼均发育大型挠曲带，目的层和煤层均保持连续无明显断点，两条挠曲延伸至煤下层中逐渐消失。

南段克深 13-克深 15 区块构造变形总体弱于中段，但克深 13 构造变形强度反而高于克深 9 和克深 12 构造，虽发育平缓褶皱，但褶皱明显更加紧闭。克深 13 背斜南翼断层断距约 350 m，下部未见明显断点，通过挠曲带延伸至煤层；克深 13 区块内部发育一条逆冲断层和一条反冲断层将克深 13 区块分隔为三段，逆冲断层断距约 160 m，但切穿整个盐下地层延伸至煤层中，在煤层中转变为挠曲；反冲断层延伸至盐下层中部最终转换为挠曲。总体上，克深 3 剖面背斜内部有少量小挠曲带发育，北段的挠曲规模较大，而中段和南段挠曲带规模很小，另外，克深 3 剖面中南段构造变形强度较其东部的 6 条剖面中段变形强度明显增强（图 2.12）。

综上所述，克深 204-克深 3 剖面位于研究区中东部，基本构造样式与东部地区相近，但变形强度有一定增强。剖面北段为深大断层，断层可延伸至基底，最北段克拉 1-克深 6 区块发育有大型反冲断层，反冲构造内部依然发育有数条小断层（短线）或挠曲带（虚线）（图 2.9～图 2.12），这些高角度次级构造数目明显多于东段；背斜依然为较紧闭的开阔褶皱，且过克深 13、克深 3 地震剖面最北段克拉 1 地区南段深大断层断距明显大于东部克深 201-克深 12 地区。中段克深 2-克深 12 区块构造变形减弱，背斜主体为平缓褶皱，内部小型次级断层分布广泛，且延伸长度增加，这些次级断层向下延伸较深，部分次级断层底部通过挠曲带与对应的主要断层相连，形成多个局部反冲构造（图 2.9～图 2.12）。总体上，克深 204-克深 3 剖面中段的区域变形强度大于东部地区。南段克深 13-克深 15 区块构造变形进一步减弱，褶皱为两翼角很大的平缓褶皱，但克深 13 区块变形强度有一定增强，内部有多条次级断层存在，部分次级断层的断距很可观，部分剖面中（克深 13、克深 3 剖面）的克深 13 区块背斜紧闭度可达开阔褶皱。总体上，克深中东部地区变形较强，次级断层普遍存在于整个剖面当中（图 2.9～图 2.12）。

2.2.1.3　克拉苏构造带中西部盐下构造地震解析

克深 905 剖面（L8）位于克拉苏构造带中西部（图 2.5）。剖面北段发育较紧闭的开阔褶皱。褶皱南翼发育三条深大断层，断层切穿侏罗系煤层，可延伸至基底，克拉 1 和克拉 2 背斜南翼断层规模巨大，前者断距超过 1400 m，后者断距可达 1000 m；克深 6 背斜南翼断层规模很小，断距约 100 m，断层在延伸过程中便消失在盐下地层中，断层下部地层连续同相轴未见明显弯曲现象。最北段克拉 1 区块北翼发育有一条反冲断层，形成反冲构造，使克拉 1 构造剧烈向上冲起。克拉 1 反冲构造内部发育有两条地层挠曲（图 2.13），这些挠曲呈高角度，北段挠曲带位于克拉 1 背斜枢纽附近，由褶皱核部向转折端延伸；南段挠曲带亦发育在局部小背斜中央，规模略小于前者（图 2.13）。克拉 2 构造中段发育有一条深大断层，断距可达 1 km。

中段克深 2-克深 12 区块构造变形减弱，背斜主体为平缓褶皱，内部偶有小型次级断层或挠曲存在，且延伸较短。克深 2 与克深 8 构造由一条小型反冲断层分隔，克深 2 构造范围明显大于上述东部各剖面中克深 2 的范围；而克深 8 则明显减小，整体为一个反冲构造。克深 2 构造内的反冲断层显著增大，切穿整个盐下层并进入煤层中，将克深 2 构造分割开来，煤下发育一些挠曲带，但与反冲断层无关联。克深 2 构造内发育两个小挠曲，而克深 8 反冲构造内部也发育有小断层，说明中段变形依然较为强烈。克深 9 和克深 12 构造变形较弱，内部没有明显断层或挠曲（图 2.13），克深 9 背斜南翼断层规模适中，断层虽切入了煤层，但目的层中断层断距仅约 60 m；克深 12 背斜南翼仅发育地层挠曲（图 2.13）。

南段克深 13-克深 15 区块构造变形稍减弱，克深 13 背斜南翼断层断距约 700 m，断层切穿盐下层进入煤层中；克深 13 区块内部发育反冲挠曲带，地层发生挠曲，但未出现明显的错断。总体上，克深 905 剖面北段断层剧烈发育，背斜内部有少量小挠曲存在，中段和南段的变形强度减弱，主断层断距较北部减小，褶皱内部仅有少量断层或挠曲带存在（图 2.13）。

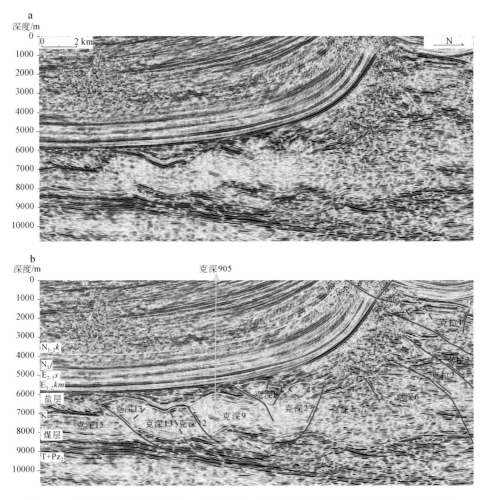

图 2.13　克拉苏构造带过克深 905 井剖面（L8）地震剖面（a）及地震解释方案（b）

克深 131 剖面（L9）位于克拉苏构造带中西部（图 2.5）。剖面北段发育较紧闭的开阔褶皱。褶皱南翼发育三条深大断层，断层切穿侏罗系煤层，可延伸至基底，克拉 1 和克拉 2 背斜南翼断层规模巨大，前者断距约 1000 m，后者断距可达2500 m；克深 6 背斜南翼断层规模较大，断距约 500 m，断层切穿煤层向基底延伸。最北段克拉 1 区块北翼发育有一条反冲断层，断层底部转换为挠曲带与主断层相连，使克拉 1 构造剧烈向上冲起形成反冲构造。克拉 1 反冲构造内部发育有断层和挠曲（图 2.14），断层和挠曲呈高角度，断层位于克拉 1 背斜枢纽附近，由褶皱核部向转折端延伸，下端逐渐转换为挠曲带最终消失于褶皱核部；南段挠曲带高角度发育在局部小背斜中央,规模较小(图 2.14)。克拉 2 构造中段发育有一条小反冲断层。

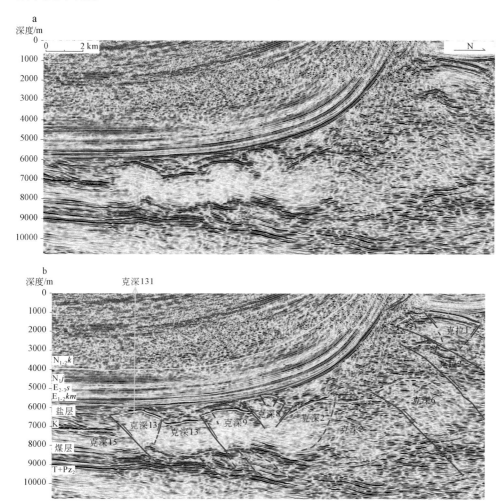

图 2.14　克拉苏构造带过克深 131 井剖面(L9)地震剖面(a)及地震解释方案(b)

中段克深 2-克深 9 区块构造变形减弱,但整体变形依然较强烈。背斜主体为平缓褶皱,内部发育较多小断层及挠曲,这些构造延伸较短,基本都发育在目的层中。克深 2 与克深 8 构造由一条小型反冲断层分隔。克深 2 构造内的反冲断层显著减弱,目的层巴什基奇克组顶面以及底部煤层都未见明显错断,以反冲挠曲切穿整个盐下层并与煤层接触,将克深 2 构造分割开来。克深 8 整体为一反冲构造,内部发育 3 条小断层,目的层顶面明显发生错断,说明中部地区变形依然较为强烈。克深 9 构造变形较弱，内部仅发育一条小挠曲（图 2.14），克深 9 背斜南翼断层规模适中，断层切入了煤层，断距约 300 m（图 2.14）。

南段克深 13-克深 15 区块构造变形稍减弱，克深 13 背斜南翼断层断距约 700 m，断层切穿盐下层进入煤层中，底部在煤层中转变为挠曲带并逐渐消失；克深 13 区块内部发育反冲断层，断层消失于盐下层中部，而后地层错断消失，以挠曲形式吸收变形量。总体上，克深 131 剖面北段断层剧烈发育，背斜内部有挠曲存在，挠曲规模较大；中段和南段的变形强度减弱，主断层断距较北段减小，但褶皱内部依然有一系列小断层或挠曲带存在；煤层中发育数条地层挠曲，但大都与盐下煤上的断层或挠曲无明显关联，盐下断层未切穿煤层进入基底（图 2.14）。

克深 807 剖面（L10）位于克拉苏构造带最东部（图 2.5）。剖面北段发育较紧闭的开阔褶皱。褶皱南翼发育三条深大断层，断层切穿侏罗系煤层，可延伸至基底。克拉 1 和克拉 2 背斜南翼断层规模巨大，前者断距超过 1100 m，后者断距可达 2500 m；克深 6 背斜南翼断层规模较大，贯穿盐下层并切穿煤层，但断距较小，仅约 200 m。最北段克拉 1 区块北翼发育有一条反冲断层，形成反冲构造，使克拉 1 构造剧烈向上冲起。克拉 1 反冲构造内部发育有挠曲带（图 2.15），挠曲带位于克拉 1 背斜枢纽附近，由褶皱核部向转折端延伸并高角度切层（图 2.15）。克拉 2 构造中部发育有一条反冲断层，背斜轴面南倾，为一不对称褶皱。

中段克深 2-克深 9 区块构造变形减弱，背斜主体为平缓褶皱，内部偶有小型次级断层或挠曲存在，且延伸较短。克深 2 与克深 8 构造由一条小型反冲断层分隔。克深 2 背斜非常平缓，构造内的反冲断层，切穿整个盐下层并进入煤层中，将克深 2 构造分割为南北两段。克深 8 反冲构造内发育一条小断层，断层规模很小但目的层顶部有明显的地层错断，反映了中段的变形依然较为强烈。克深 9 构造变形较弱，内部没有明显断层或挠曲（图 2.15），克深 9 背斜南翼断层规模适中，断层虽切入了煤层，但目的层中断层断距仅约 250 m（图 2.15）。

南段克深 13-克深 15 区块构造变形稍减弱，克深 13 背斜南翼断层断距约 750 m，断层切穿盐下层进入煤层中；克深 13 区块内部发育高角度反冲断层将区块切割开来。总体上，克深 807 剖面北段断层剧烈发育，背斜内部有挠曲带存在，中段和南段的变形强度减弱，断层规模和断距均较北段减小，褶皱内部仅有少量断层存在（图 2.15）。

综上所述，与中东部剖面相比，位于研究区中西部的克深 905-克深 807 剖面构造变形强度进一步增强。剖面北段为深大断层，断层可延伸至基底，最北段克拉 1-克深 6 区块发育有大型反冲断层，背斜依然为较紧闭的开阔褶皱，北段反冲构造内部依然发育有数条小断层（短线）或挠曲带（虚线）；此外，中西部地震剖面最北段克拉 1 地区的深大断层断距相较于中东部地区进一步加大，表明中西部地区构造变形更加剧烈（图 2.13～图 2.15）。

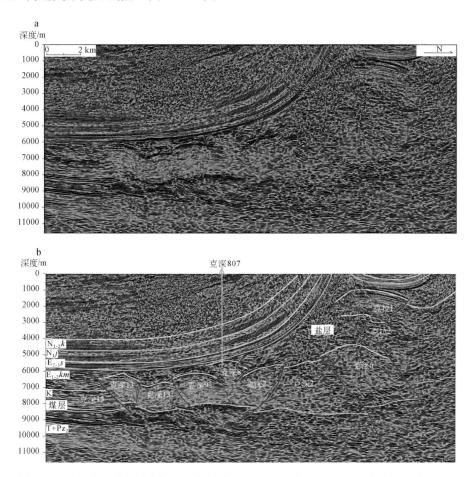

图 2.15　克拉苏构造带过克深 807 井剖面（L10）地震剖面（a）及地震解释方案（b）

中段克深 2-克深 12 区块构造变形减弱，背斜主体为平缓褶皱。内部小型次级断层分布广泛，且延伸长度增加，这些次级断层向下延伸较深，部分次级断层底部可与对应的主要断层相连。总体上，克深 905-克深 807 剖面中段区域变形强度大于东部剖面中段的变形强度，中部发育的主断层断距也明显大于中东部与东部的剖面。南部克深 13-克深 15 区块构造变形较弱，褶皱为平缓褶皱，但与中东部剖面相比克深 13 地区变形强度依然有一定增强，虽然其内部次级断层较少，但次级断层的断距很可观，而且主断层的断距明显增大，构造变形强度依然高于中东部剖面。总体上，克深中西部剖面变形进一步增强，次级断层普遍存在于整个剖面当中，主断层断距及背斜紧闭程度均有所增加（图 2.13～图 2.15）。

2.2.1.4 克拉苏构造带西部盐下构造地震解析

克深 101 剖面（L11）位于克拉苏构造带西部（图 2.5）。剖面北段发育较紧闭的开阔褶皱。褶皱南翼发育三条深大断层，断层切穿侏罗系煤层，可延伸至基底。克拉 1 和克拉 2 背斜南翼断层规模巨大，前者断距约 1100 m，后者断距可达 2500 m；克深 6 背斜南翼断层中等规模，断距约 600 m，断层切穿盐下地层进入煤层中。最北段克拉 1 区块北翼发育有一条反冲断层，形成反冲构造，反冲构造内部发育地层挠曲，挠曲位于背斜前翼，呈高角度与地层相交（图 2.16）。克拉 2 构造中段发育有一条反冲断层，断距约 100 m。

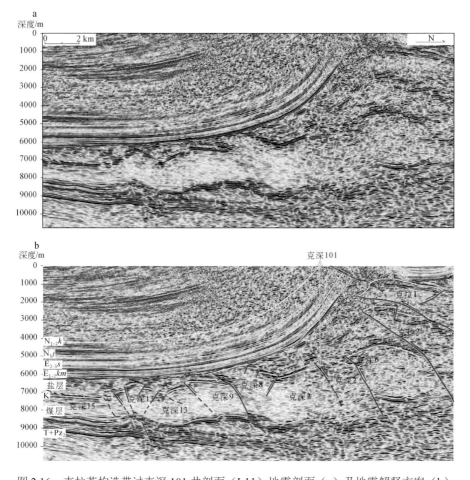

图 2.16　克拉苏构造带过克深 101 井剖面（L11）地震剖面（a）及地震解释方案（b）

中段克深 2-克深 9 区块构造变形减弱，主要发育平缓背斜，内部偶有小断层存在，且延伸较短。克深 2 与克深 8 构造由一条小型反冲断层分隔，克深 2 构造内的反冲断层倾向发生变化，在克深 101 剖面中为北倾的逆冲断层，断层延伸至盐下层中部并转换为挠曲带，将克深 2 构造分割开来。克深 8 反冲构造内部发育有两条小断层，断层规模很小但目的层顶部受断层影响明显发生错断，表明中部地区依然发生较为强烈的变形。克深 9 构造变形较弱，内部没有明显断层或挠曲（图 2.16），克深 9 背斜南翼断层规模较小，断层底部未发现明显断点，因此下端解释为挠曲带向煤层延伸，目的层中断层断距仅约 240 m（图 2.16）。

南段克深 15 区块构造变形减弱，但克深 13 构造变形依然较强。克深 13 背斜南翼存在一条强变形带，由两条断层和一个挠曲带组成，变形带构造变形强烈，断层虽延伸至盐下层中部，但连续同相轴弯曲较明显，均可通过挠曲延伸至煤层；克深 13 区块内部发育两条反冲断层，目的层顶面发生错断，使克深 13 区块南段成为反冲构造；而在北段，也有挠曲发育。总体上，克深 101 剖面北段断层剧烈发育，背斜内部有挠曲存在，中段和南段的变形强度减弱，但依然有较复杂的构造存在，褶皱内部发育较多小断层或挠曲（图 2.16）。

克深 901 剖面（L12）位于克拉苏构造带最西部（图 2.5）。剖面北段发育较紧闭的开阔褶皱。褶皱南翼发育三条深大断层，断层切穿侏罗系煤层，可延伸至基底，克拉 1 和克拉 2 背斜南翼断层规模巨大，前者断距超过 1500 m，后者断距可达 2200 m；克深 6 背斜南翼发育中等规模断层，断距约 500 m，断层切穿盐下地层进入煤层，并在煤层中通过挠曲变形继续延伸。最北段克拉 1 区块内部发育有两条挠曲带，两条挠曲带分别位于褶皱两翼附近，南翼挠曲带倾角与断层倾角相近。克拉 2 构造中段发育有一条反冲断层，使克拉 2 南段成为反冲构造。

中段克深 2-克深 9 区块构造变形减弱，背斜主体为平缓褶皱，内部偶有小型次级断层或挠曲存在，且延伸较短。克深 2 背斜南翼断层切穿盐下层并延伸进煤层，断距约 500 m，克深 2 构造内未见明显次级断层或挠曲。克深 8 背斜南翼断层断距约 500 m，呈高角度切穿盐下层进入煤层，背斜南翼附近发育有反冲挠曲。克深 9 构造变形较弱（图 2.17），克深 9 背斜南翼断层规模适中，断层虽切入了煤层，但目的层中断层断距仅约 200 m；背斜南翼附近发育有小断层，巴什基奇克组顶面产生微小错动（图 2.17）。

南段克深 13-克深 15 区块构造变形明显减弱，克深 13 背斜南翼断层断距约 150 m，断层未能切穿盐下层，在盐下层下部便转变为挠曲带而延伸进入煤层中；克深 13 区块内部发育一条逆冲断层使北部块体发生抬升，断层下端地层发生挠曲；克深 15 构造南部存在小挠曲，但总体变形微弱。总体上，克深 901 剖面北段断层剧烈发育，背斜内部有挠曲存在，中段和南段的变形强度明显减弱，主断层断距明显减小，褶皱内部仅有少量断层或挠曲带存在，断层或挠曲规模较小（图2.17）。

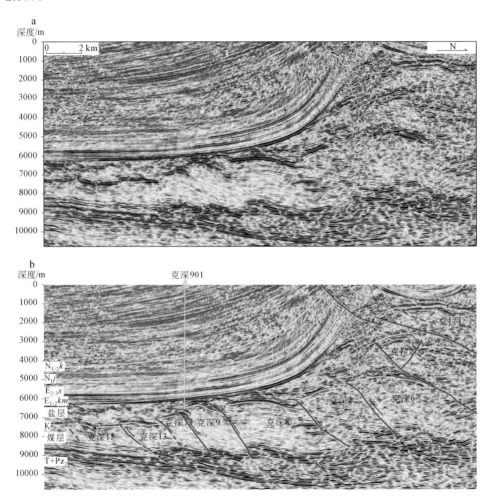

图 2.17　克拉苏构造带过克深 901 井剖面（L12）地震剖面（a）及地震解释方案（b）

综上所述，克深 101、克深 901 剖面位于研究区西部，基本构造样式与东部地区相近，但变形强度逐步减弱。剖面北段为深大断层，最北段克拉 1-克拉 2 区块发育有大型反冲断层，但反冲构造内部未见发育小断层或挠曲带（图 2.16 和图2.17）；背斜依然为开阔褶皱，且北段深大断层依然保持较大的断距。中段克深 2-克深 12 区块构造变形减弱，背斜主体为平缓褶皱，克深 101 剖面内部小型次级断层分布较广泛，但其延伸长度较小，并未与对应的主要断层相连，而克深 901 剖面中基本未见次级小断层（图 2.16 和图 2.17），反映了在克深区带西部边缘位置构造变形强度有明显的减弱趋势。南部克深 13-克深 15 区块的构造变形依然呈现减弱趋势，在克深 101 剖面内部依然有次级断层存在，且克深 13 背斜保持了较小的翼间角；但在克深 901 剖面南段，次级断层基本未见，而克深 13 背斜翼间角明显加大，表明克拉苏西部地区构造变形强度明显降低。总体上，克深西部地区变形较弱，大体与东部地区相当，两者变形程度均弱于中部地区（图 2.16 和图 2.17）。

2.2.2 大北、博孜地区地震解释与分析

大北、博孜地区地震资料相对较差，清晰度相对较低，其中目的层较为断续难以准确追踪，侏罗系煤层由于埋藏较深地震资料较差，仅能尝试对其进行追踪，因此大北和博孜地区并未选取过多剖面，两者各自选取了两条和四条典型地震剖面进行了地震解释。

大北地区位于研究区中西部，总体的构造走向为北东东向，因此选取的地震剖面为北北西向，以展现自北向南整体的构造分布特征与变化特征。受地震资料的限制，本书仅对大北东部地区进行了地震解释，选取的地震剖面分别经过大北 1 井和大北 205 井（图 2.18）。

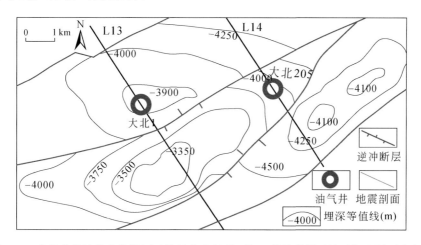

图 2.18 克拉苏构造带大北地区巴什基奇克组顶面埋深等值线图及地震解释剖面分布图

大北地区东部整体上自北向南变形由强变弱，北段山前区域盐下构造变形非常强烈，发育深大断层，断距较大；中南段盐下构造变形减弱，断层规模、断距均显著减小（图 2.18）。

大北 1 剖面（L13）和大北 205 剖面（L14）分别位于大北地区西部和中西部，

两者的基本构造样式较为相近，但靠近中部的大北 205 剖面构造变形强度较强。两剖面北段为深大断层，断层延伸较深但侏罗系煤层难以准确追踪其展布，最北段大北 1 区块发育有反冲构造，大北 205 剖面变形更强烈，其大北 2 区块强烈冲

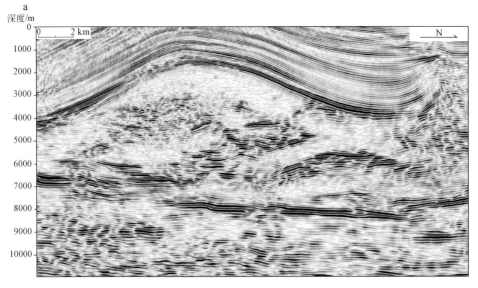

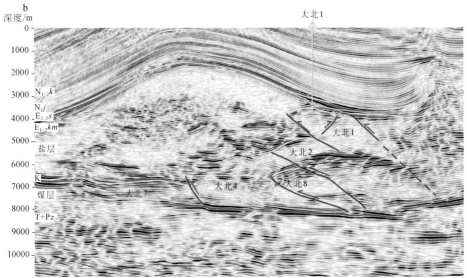

图 2.19　大北地区过大北 1 井剖面（L13）地震剖面（a）及地震解释方案（b）

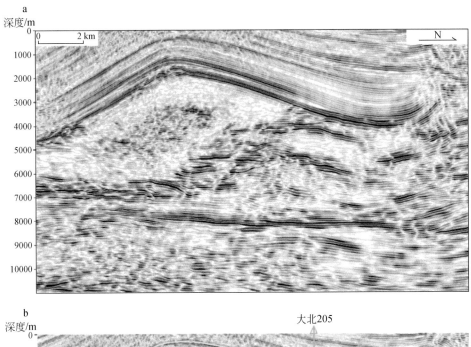

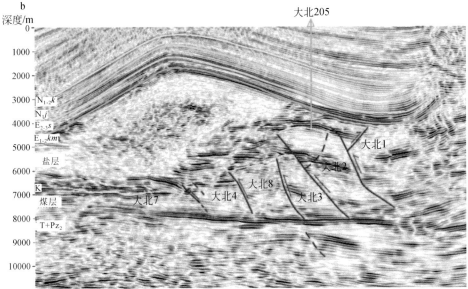

图 2.20　大北地区过大北 205 井剖面（L14）地震剖面（a）及地震解释方案（b）

起，边缘逆断层有较大的断距（图2.20）；两个剖面北段的背斜为平缓褶皱，但大北205剖面的背斜明显更加紧闭，说明靠近大北地区中部的大北205剖面构造变形强于大北201剖面。两剖面的中段构造变形与北段相比明显减弱，背斜主体为平缓褶皱，大北1剖面中段平缓背斜内部未见明显的小型次级断层，褶皱翼部为断距适中的逆断层；大北205剖面中段断层断距明显大于其西部的大北1剖面，局部出现小型反冲断层形成局部反冲构造（图2.20）。总体上，位于中西部的大北205剖面中段区域变形强度大于西部地区的大北1剖面。大北地区南段大北7区块构造变形进一步减弱，褶皱为两翼角很大的平缓褶皱，整体上地层起伏相当平缓，内部未见次级断层存在，其构造变形强度明显是整个剖面当中最弱的（图2.19和图2.20）。

博孜地区位于研究区最西部，总体的构造走向为近东西向（北东东向），选取的地震剖面为南北向，以展现自北向南整体的构造分布特征与变化特征。本书选取四张典型地震剖面进行分析，这些剖面分别经过博孜103井、博孜101井、博孜102井和博孜104井（图2.21）。

博孜地区自北向南的变形强度依然呈现由强变弱的趋势，但与研究区中部的克拉苏构造带和中西部的大北地区相比，其南北向上变形程度的差异较小。北段山前区域盐下构造变形较强烈，发育断距较大的逆断层；中南段盐下构造变形减弱，断层规模、断距均逐渐减小（图2.21）。与克拉苏构造带相比，北段变形减弱，深大断层在规模和断距上均有所减小；而剖面南段变形则显著增强，博孜地区南部褶皱发育，并有中等规模的断层存在，与克拉苏构造带相比，博孜地区南部基底隆起更加明显，导致煤层抬升，盐下地层厚度明显小于中北段地层厚度。东西向上，变形强度依然有一定差异，自东向西变形逐步减弱，一定程度上反映了博孜地区变形程度的变化趋势。

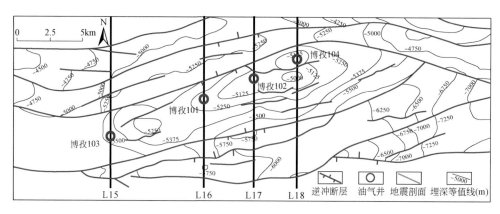

图2.21 克拉苏构造带博孜地区巴什基奇克组顶面埋深等值线图及地震解释剖面分布图

博孜地区四个剖面（L15、L16、L17、L18）整体上较为类似，自南向北变形逐渐增强。剖面南段的博孜 4、博孜 8 区块盐下地层主要为长约 5 km 的大型宽缓背斜。博孜 103 剖面南段宽缓背斜中未观察到明显断层，背斜北段局部出现多个地层挠曲带但未发生地层错断；博孜 101 和博孜 102 剖面位于博孜地区中部，剖面的南段宽缓背斜中出现了高角度逆断层将博孜 4 和博孜 8 区块分割开来，北段的博孜 8 区块背斜明显更加紧闭，断层断距较小；博孜 104 剖面南段变形更加强烈，博孜 8 区块背斜更加紧闭，背斜不对称，南段受断层影响向上抬升，断层断距明显比博孜中段两条剖面相应断层断距大很多，这表明博孜地区地震剖面南段发生了一定程度的构造变形，且构造变形强度自西向东逐渐增强。在博孜 103 剖面中段，盐下地层中发育多个平缓褶皱，这些小背斜的两翼地层未明显错断，以挠曲形式发生变形；位于博孜地区中部的博孜 101 和博孜 102 剖面，它们中段依然以平缓褶皱为主，但与西部的博孜 103 剖面相比，这些褶皱明显更加紧闭，并呈现出"破碎化"的特点，褶皱被多个小型逆断层分割成多个小背斜，局部出现反冲断层形成反冲构造，这些断层断距很小，并未使地层发生较大的错动（图 2.22～图 2.25）；位于博孜东部的博孜 104 剖面的中段整体与博孜 101 和博孜 102 剖面类似，但其小型逆断层的断距明显增大，断层的规模也更大，受这些断层影响，被分割出的小背斜抬升得更高，这表明四条剖面中段的构造变形依然存在着自西向东逐渐增强的特点（图 2.22～图 2.25）。在博孜地区各剖面的北段，盐下地层的构造样式较为相近，整体以平缓背斜为主，背斜的夹角均小于中段和南段背斜的夹角，这表明北段的变形依然是强于中段和南段的，从南到北变

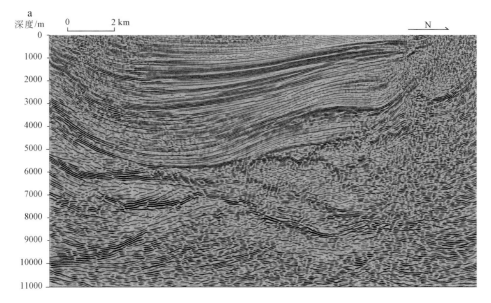

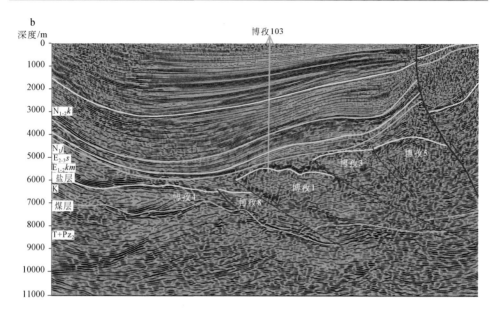

图2.22 博孜地区过博孜103井剖面（L15）地震剖面（a）及地震解释方案（b）

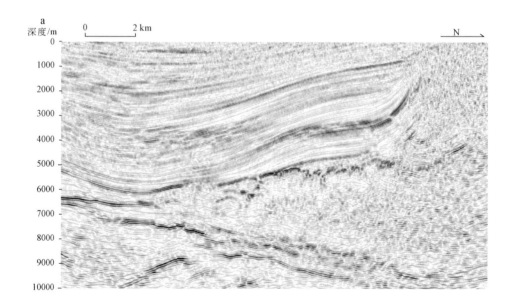

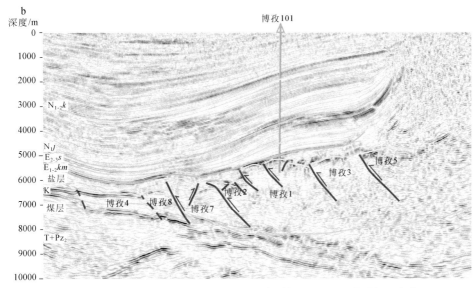

图 2.23　博孜地区过博孜 101 井剖面（L16）地震剖面（a）及地震解释方案（b）

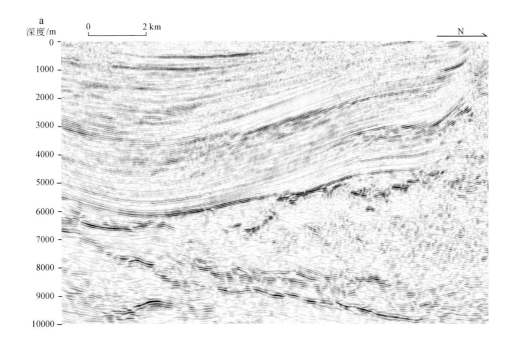

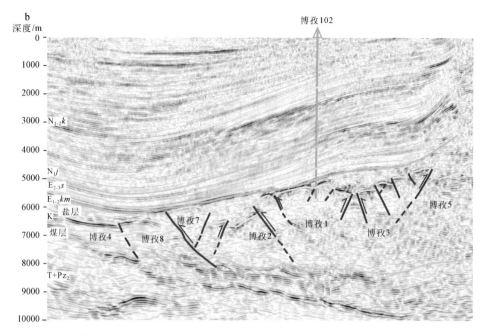

图 2.24　博孜地区过博孜 102 井剖面（L17）地震剖面（a）及地震解释方案（b）

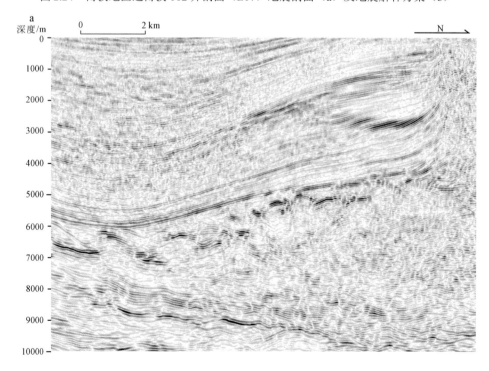

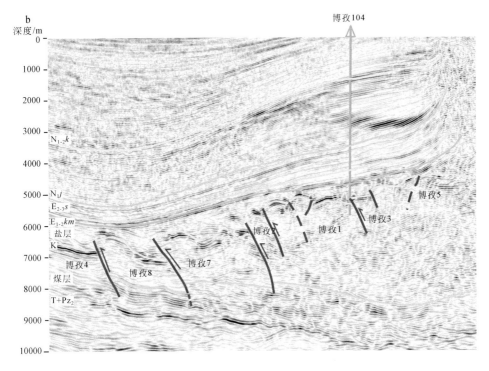

图 2.25 博孜地区过博孜 104 井剖面（L18）地震剖面（a）及地震解释方案（b）

形程度越来越大。各剖面的最北段可以观察到的逆断层具有更大的断距，并向下延伸到较深的区域甚至切穿侏罗系煤层（图 2.22~图 2.25）。与克深和大北地区相比，博孜地区北段构造变形明显相对较弱，主断层的断距明显较小，背斜两翼角更大，内部次级断层也较少，虽然也有反冲构造发育，但规模上较小；而博孜地区中段和南段的盐下构造变形则明显略强于克深、大北地区。

2.3 克拉苏构造带盐下断背斜的构造变形差异性

通过上文对克拉苏构造带最新地震资料的解析，我们获得了研究区整体构造活动强弱的变化特点，克深、大北、博孜地区盐下构造的整体特点有较大差异。克拉苏构造带盐下构造变形强度自东向西呈先增强后稍减弱的趋势，南北向上变形强度差异明显，北段变形剧烈，中段变形减弱，南段变形进一步减弱，自北向南变形强度呈梯度性减弱；大北地区地震剖面北部盐下变形非常剧烈，而中南段变形则很弱且中南段变形强度基本一致；博孜地区总体变形较为强烈，但北段盐下变形明显弱于克深和大北地区北段的盐下变形强度，而博孜地区中段和南段盐下变形则显著增强，与博孜北段盐下变形强度较为接近。大北地区盐下的整体变形特征在前人的模拟相关研究中广泛出现，但并未得到明确的解释。本研究通过对地震资料的解析，认为克深、大北、博孜地区盐下构造的差异性很可能是受盐层影响的：博孜地区盐层很薄，这会导致北段盐下地层受到盐上地层的严重约束，难以发生剧烈变形，因而变形向盐下地层中南段传递并导致中南段变形增强；大北地区盐层则很厚，北段盐下地层受到约束很小，发生剧烈变形，这可能导致后续缩短量被已抬升的北段地块导入盐层中而被盐层和盐上层所吸收，因此中南段盐下地层变形则很弱。这种构造变形差异性特征与前人模拟研究中发现的盐下变形传播距离远小于同时期盐上层变形的现象是一致的（汪新等，2010）。

通过解析高品质的地震资料，精细地追踪了地震资料盐下地区目的层（巴什基奇克组）、煤层以及断层的展布特征。结合这些盐下构造形态上的特征，我们发现盐下地区构造变形样式与传统的断层相关褶皱模式存在巨大的差异，本身在东西走向上也存在构造变形程度的差异性，具体表现为如下四个方面。

1. 本书地震解释的构造样式与前人的断层相关褶皱模式存在差异

本书地震解释的构造样式与传统断层相关褶皱模式有显著区别。典型断层相关褶皱的主控断层一般有明显的产状变化和拐点；褶皱枢纽往往位于拐点上方，褶皱在断层上部呈"趴盖状"，断层相关褶皱的主控断层一般倾角较低（约 30°）（图 2.26）。

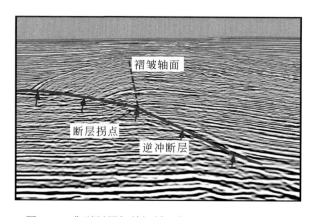

图 2.26　典型断层相关褶皱（据 Shaw et al.，2005）

研究区的断层大体未见明显的产状变化，弯曲的断层上也并没有产状变化突兀的"拐点"存在；褶皱枢纽位于主要断层侧方而非上方，褶皱总体在断层旁边而非"盖"在断层上，且主断层大都呈中高角度（>45°）（图 2.27）。总之，本地震解释的断层及褶皱在形态学上与典型断层相关褶皱模式有非常大的差别。

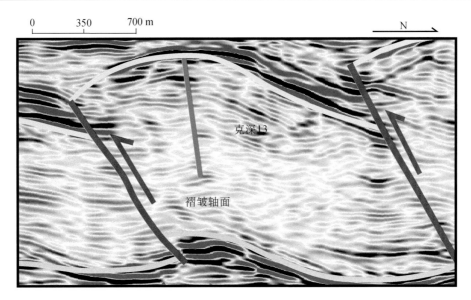

图 2.27　过克深 13 井南北向地震剖面（局部）

2. 本书地震解释的构造样式与前展式叠瓦逆冲构造存在差异

前人认为本地区盐下为前展式叠瓦逆冲推覆构造，然而典型的前展式逆断层中块体不对称，块体的构造前缘变形强，后缘变形较弱，褶皱仅占块体的一半左右，位于靠近断层的一侧，而另一侧地层变形相对较弱（图 2.28）。

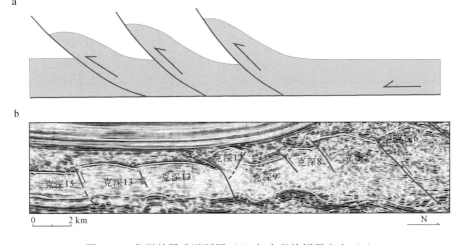

图 2.28　典型前展式逆断层（a）与本书的解释方案（b）

在研究区被主要断层分割的块体中，各块体基本都为褶皱，没有典型前展式逆断层块体中地层变形较弱的区域；褶皱范围囊括整个块体，其轴面基本位于块体正中，褶皱大体对称，可见实际构造样式与典型前展式逆冲构造有较大区别。后者在几何学形态上展现的是块体沿主控断层向上爬升最终形成褶皱的特征，褶皱位于构造前缘断层上方，属于断层相关褶皱（图 2.28），而在研究区实际地震剖面中，大部分褶皱（尤其在剖面中段、南段区域）没有明显向构造前缘靠拢的特征，褶皱沿断层爬升现象也很少见。

3. 东西走向上存在断距与褶皱要素的变化特点

同一断层在东西向上断距有巨大差异，部分地区几乎没有断距，但褶皱却普遍存在，例如克深 13 区块南缘断裂在不同剖面中断距变化巨大（图 2.6～图 2.17）。

同一断层自东向西不同地段断距有明显差异，且断距越大，褶皱两翼角越小，褶皱越发育。同时，在断层发育较弱（断距很小）的地段褶皱依然存在（如过克深 204 剖面）。若是断层主导的断层相关褶皱，在断层不发育、弱发育的区域，褶皱应该不发育，这与研究区的实际情况不符。

主断层具有大幅度波动的断距，且在该断层断距很小的地方依然有褶皱发育，这表明褶皱的形成先于该断层的形成，挤压弱的区域褶皱宽缓两翼角较大，断层发育弱；挤压强的区域褶皱和断层都发育较好，这体现的是断层调节褶皱的特征。

此外，褶皱发育较弱地区断层下部解释为挠曲带，而发育较强区域断层贯穿到下部，这也与断层调节褶皱理论相符；褶皱较弱，断层发育弱，产生挠曲带，若是断层相关褶皱，按以往方案，底部是不会有挠曲带产生的。

4. 东西走向上存在断层倾向的变化特点

同一断层在东西走向上的不同地区发生了产状变化，北倾的逆断层与南倾的反冲断层同时存在于同一条断层上：克深 2 内部断层分布于克拉苏地区中西部，在中部地区，该断层为南倾的反冲断层，然而在西部该断层倾向改变转为北倾了（图 2.13～图 2.17）。若是以断层主导的断层相关褶皱来思考，那么同一条断层的倾向倒转现象就难以解释。但如果本地区褶皱为主控因素，断层是褶皱变形过程中或是变形后形成的，那么在褶皱发育过程中由于褶皱形态的不同以及内部应力集中情况的差异，就可以发生断层倾向变化的情况，因此断层调节褶皱模式可以更合理地解释这些现象。

2.4　克深构造带盐下断背斜的发育模式

研究区地震剖面自北向南变形强度减弱，各区块内部次级断层形态上与断层调节褶皱有较好的对应性。北段褶皱发育较好，内部应力集中产生大量次级断层，这些断层往往为高角度，发育于褶皱枢纽位置的断层可以向褶皱核部延伸很长一段距离，这与枢纽相关断层非常相似；中段变形适中，枢纽相关断层较少发育，部分有次级断层产生，但这些断层大体发育在褶皱翼部，其倾角也比北段断层小，这类似于褶皱翼部逆断层；而南段断层发育很少，变形较弱，褶皱往往很宽缓，常见挠曲现象（图 2.29）。整个过程反映了变形有南北强弱的变化，而在次级断层的断距差异性上也与断层调节褶皱相对应，即褶皱越紧闭断距就越大，褶皱越宽缓断距就越小。

结合上述克拉苏构造带地震解释方案以及与典型断层调节褶皱理论的对比分析，盐下构造并不是断层相关褶皱。盐下断层并不像早期方案中那样切穿侏罗系煤层并在煤下基底处收敛到滑脱层中，而是大都停止于煤层，以煤层为滑脱层并作为盐下构造的底界，而煤下则是另一套构造——基底构造。总体上，库车拗陷克拉苏构造带盐下地层中的断层不会延伸到 10 km 脆韧性转换带，只能够延伸到侏罗系煤层，煤下应该有另一套构造，这套构造可能延伸到基底。盐下地层中的大多数逆断层都向下延伸较浅，只有研究区最北部的主断层会延伸至煤层，而且这些断层并未收束到一起，这表明盐下构造是断层调节褶皱。

具体到每一个断背斜构造上，我们可以发现在这些构造中，褶皱规模往往远大于断层的规模，褶皱是第一级构造，而剖面中大部分逆断层的断距往往都比较小，是构造的第二级，也就是次级构造，常发育在褶皱的核部或翼部。与褶皱的规模相比，这些逆断层规模较小，断距也很小，不能影响到褶皱的整体几何形态。这表明，这些盐下构造与盐上断背斜不同，并不是断层相关褶皱。研究区盐下断层为次级构造，其规模总体小于邻近的褶皱，断层高角度切层、走向近平行于褶皱走向，且断层的存在未使褶皱形态发生明显改变，这些构造的特征与 Mitra（2002）描述的断层调节褶皱非常相似。上述地震解释剖面（克深、大北地区剖面为主）中段及南段的盐下构造在几何形态上与 Mitra（2002）提出的翼部逆断层调节褶皱非常类似，这些高切层角逆断层位于主背斜南翼，主断层附近常出现一系列与主断层近平行的、规模更小的逆断层，这也是 Mitra（2002）提出的翼部逆断层所具备的特征。这些构造也与 Deng 等（2013）描述的野外露头有很多的相似之处（图 2.18），克拉苏构造带地震剖面中南段分布的很多断层与 Deng 等（2013）中断层调节褶皱露头前翼的逆断层 F1 的几何样式非常相似（图 2.30），褶皱轴面都略向运动前缘倾斜，褶皱整体沿断层逐步抬升，但断层规模不足以影响褶皱整体形态，背斜并未彻底爬升至断层上部形成断层相关褶皱，因此，本书地震解释方案中南部盐下构造属于断层调节褶皱。当然研究区剖面中南段盐下构造与 Deng 等（2013）露头中的构造样式也有不同之处，前者的断层位于背斜前翼，背斜前缘的向斜核部与断层仍有一定的距离，说明断层处于两褶皱相连的翼部，因此属于翼部逆断层调节褶皱；而后者的断层处于背斜前翼，但也明显位于向斜枢纽附近，因此 Deng 等（2013）认为它属于枢纽相关断层调节褶皱（图 2.30）。

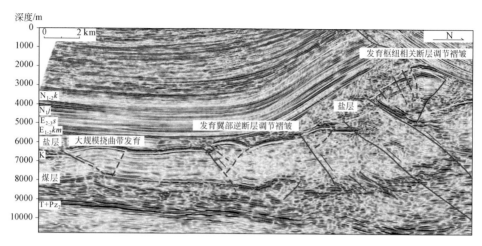

图 2.29 研究区盐下南北向构造分段发育特征

研究区地震剖面北段的断层不仅存在翼部逆断层调节褶皱，还存在枢纽相关断层调节褶皱，最典型的如克深 201、克深 2、克深 12、克深 13 剖面中北段的位于褶皱枢纽附近的断层，这些构造的构造样式与 Mitra（2002）中描述的"背离向斜和指向背斜逆断层"非常相似，都具有较高的倾角，为调节因褶皱剧烈变形而导致的核部空间问题而产生，相比于剖面中其他区域，北段的构造背斜发生了更强烈的变形，褶皱更紧闭，因此在枢纽附近发育枢纽相关断层以调节变形。克深 201、克深 2、克深 12、克深 13 等剖面北段构造的构造样式与 Deng 等（2013）描述的露头中指向背斜逆断层（F_2）附近的构造样式非常相近（图 2.30），受断层

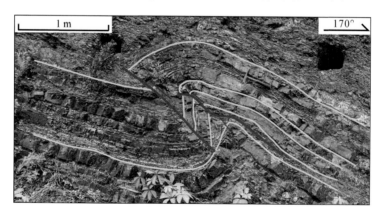

图 2.30 北京西山断层调节褶皱（据 Deng et al., 2013）

的影响，褶皱核部地层发生错动，北段地层抬升到南段地层上方，这个特征与本书剖面北段的样式非常类似，因此研究区北段盐下地区切实存在枢纽相关断层，属于断层调节褶皱。

综上所述，最新高品质三维地震资料的解析在几何学上说明了库车拗陷克拉苏构造带盐下构造主要为断层调节褶皱。以膏盐层和煤层两个软弱层为界，研究区可以划分为三个构造层，各层均有不同的构造样式（图 2.31）。

垂向上，研究区自上至下可以分为三个具有不同构造特征的层带：①盐上构造层-断层相关褶皱；②盐下构造层-断层调节褶皱带，断层作用对背斜的几何形态影响不大，褶皱作用是构造变形的主控因素；③煤下构造层-基底构造带。煤下的构造在位置、倾角甚至倾向上都与煤上构造有较大差距，北段深大断层可以延伸至煤层下方，煤层上下断层相连，但中段和南段构造变形较弱的地区，煤层上下断层未见明显的连贯性，煤层上下构造可能受不同因素控制，煤层作为滑脱层具有解耦作用（图 2.31）。

南北向上，研究区北段为基底卷入的厚皮构造（图 2.31），大断层可以切穿侏罗系煤层延伸至基底；中南段为薄皮构造（图 2.31），断层规模相对较小，在煤层处发生滑脱无法继续向下延伸。盐和煤都是本地区的滑脱层，有解耦作用，三个构造层相互影响较小，具有各自的构造变形样式和变形程度。北段变形大，控盆断层能够切穿滑脱层形成厚皮构造，其他局部小构造无法延伸到基底，因此在中南段形成薄皮构造。

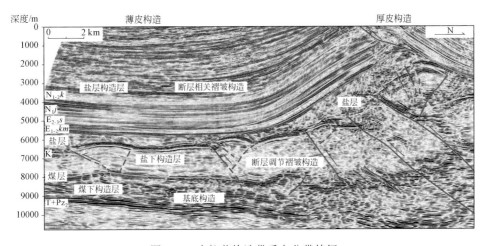

图 2.31　克拉苏构造带垂向分带特征

2.5 克深构造带盐下构造样式分类

漆家福等（2009）依据平衡地质剖面原理提出克拉苏构造带的缩短构造模型，认为盐下层以基底卷入的楔状叠瓦构造变形为主，并认为基底卷入区域性正断层的反转位移是库车拗陷克拉苏地区晚新生代缩短构造形成和演化的主控因素。郭卫星等（2010）将克拉苏构造带盐下层划分为 3 个次级构造带，自北向南分别为反转断隆背斜带、楔状叠瓦构造带和逆冲前缘构造带。管树巍等（2010）认为基底卷入模式中同一断块内的一些标志反射层并不表现为协调一致的褶皱变形，基底卷入不是深部构造的成因。尹宏伟等（2011）指出库车拗陷的盐下构造样式主要为紧密排列的冲断层，不同于盐上的宽缓褶皱。李艳友和漆家福（2012，2013）也指出库车拗陷盐下构造层发育前展式逆冲断裂，形成楔状的叠瓦构造带。徐振平等（2012）认为克拉苏构造带盐下构造的差异变形的主控因素是基底结构、膏盐层分布和多期叠加构造变形。能源等（2013）认为克拉苏构造带的盐下构造层构造样式自北向南由高角度基底卷入构造样式转变为盖层滑脱构造样式。杨茂智等（2015）认为库车拗陷发育双滑脱构造，古近系膏盐岩和中生界煤层两套巨厚塑性层，夹持中生界刚性地层。

前人对克拉苏构造带整体上做了一些变形样式的分类研究，但对局部单个构造与裂缝关系的研究相对较少。裂缝的发育情况与局部构造形态样式非常密切。因此，本节在前人研究的基础上，基于翼间角和断层因素，对研究区的单个构造的构造样式进行划分。

褶皱翼间角是构造地质学的基础概念，定义为褶皱的两个翼部向褶皱转折端区域两条延长线所夹的角度。翼间角是国际上褶皱形态划分方案的依据之一，褶皱翼间角越小，说明褶皱的形态越紧闭，也说明在褶皱变形之后的地层其缩短率越大。也就是说，随着缩短率的减小，翼间角逐渐增大。Frehner（2011）通过建立二维黏性应力场模型，探讨纵弯褶皱在不同演化阶段的应力应变分布，研究结果表明褶皱内应变的分布、中和面的展布都与褶皱的缩短率密切相关，随着缩短率的增大，褶皱内的张应变区域和弱应变区域逐渐变大，中和面也向外弧不断地扩展和向内弧不断地移动。也就是说，褶皱的应变分布和中和面展布都与翼间角大小是有紧密关系的，随着翼间角的减小，张应变区域和弱应变区域的厚度逐渐增大。

克拉苏构造带盐上断背斜的断距较大，不能采用翼间角的分类方案，而对于盐下的断背斜而言，其断距较小，采用翼间角的大小来衡量褶皱缩短率的方案是可行的。由于断距对于盐下断背斜缩短率的贡献较少，褶皱的缩短、翼间角的变小起了主要作用。因此，本节以褶皱的翼间角为标准，对盐下断背斜的构造样式进行划分（图 2.32）。按照褶皱的翼间角大小，褶皱可以划分出五种类型，分别为：Ⅰ平缓褶皱，翼间角在 120°～180°之间；Ⅱ开阔褶皱，翼间角在 70°～120°之间；Ⅲ中常褶皱，翼间角在 30°～70°之间；Ⅳ紧闭褶皱，翼间角在 5°～30°之间；Ⅴ等斜褶皱，翼间角在 0°～5°之间（刘志宏等，2011）。本节进一步依据断层的组合形态，以断背斜的两条边界断层的形态为依据，判断两条断层的倾向，对盐下断背斜的构造样式进行细分，可以分为同冲构造、背冲构造和对冲构造这三种类型。同冲构造定义为两个边界逆冲断层具有相同的倾向，其所围限的构造为同冲构造；背冲构造定义为两个边界逆冲断层具有相反的倾向，且呈向上发散的形态，其所夹持的构造为背冲构造；对冲构造定义为两条边界逆冲断层具有相反的倾向，且呈向上收敛的形态，其所夹持的构造为对冲构造。

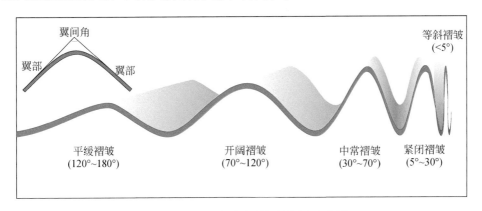

图 2.32　依据两翼夹角的褶皱划分示意图

　　本书选取了克拉苏构造带断背斜构造样式最为复杂的区域盐下为对象，对盐下断背斜的构造样式和分布规律进行研究，从构造的东部向西部截取 4 条剖面并进行地震解释，剖面位置如图所示（图 2.33）。

　　剖面 $A—A'$ 为克拉苏构造带最东部的地震解释剖面（图 2.34）。盐下中生代地层的构造样式在克深断裂北侧的构造表现为平缓褶皱的断背斜和开阔褶皱的断背斜，而在克深断裂的南侧，构造样式都是平缓褶皱的断背斜。依据断层的组合形态，在克深断裂的北侧，第一个开阔褶皱具有两个相同倾向的边界断层，划分为同冲开阔褶皱，第二个平缓褶皱具有相反倾向的两个边界断层，且呈向上发散状态，划分为背冲平缓褶皱；而在克深断裂的南侧，平缓褶皱的边界逆冲断层组合多样，发育了同冲、对冲和背冲样式，平缓褶皱可以进一步划分出同冲平缓褶皱、对冲平缓褶皱和背冲平缓褶皱。

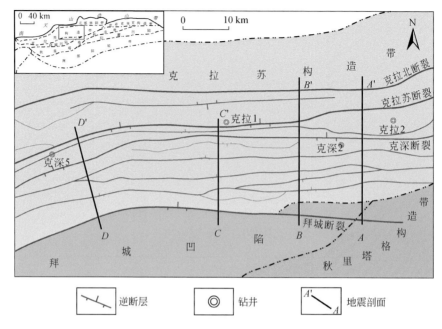

图 2.33　库车拗陷克拉苏构造带研究区的构造位置示意图

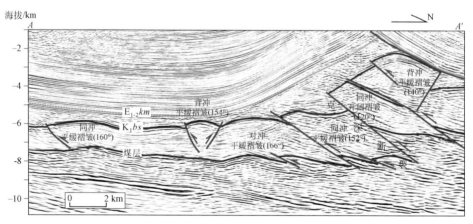

图 2.34　克拉苏构造带 A—A′ 地震剖面及构造样式划分

剖面 B—B′ 为克拉苏构造带中东部的地震解释剖面（图 2.35）。在克深断裂的北侧，盐下中生代地层的构造样式包括平缓褶皱的断背斜和开阔褶皱的断背斜；而克深断裂南侧的构造都表现为平缓褶皱的断背斜。进一步依据断层组合形态，在克深断裂北侧的两个开阔褶皱具有相同倾向的边界逆冲断层，都划分为同冲开阔褶皱；而在克深断裂南侧，发育同冲和背冲平缓褶皱。

剖面 C—C′ 为克拉苏构造带盐下中西部的地震解释剖面（图 2.36）。在克深断裂北侧，盐下中生代地层的构造样式表现为平缓褶皱的断背斜和开阔褶皱的断背斜；而在克深断裂的南侧，构造样式全部表现为平缓褶皱的断背斜。进一步依据断层组合形态，开阔褶皱具有相同倾向的边界逆冲断层，且与次级逆冲断层的倾向一致，划分为同冲开阔褶皱；克深断裂北侧的平缓褶皱，具有相同倾向的边界逆冲断层，划分为同冲平缓褶皱，而南侧的平缓褶皱，普遍发育相反倾向的边界逆冲断层，对冲和背冲平缓褶皱发育。

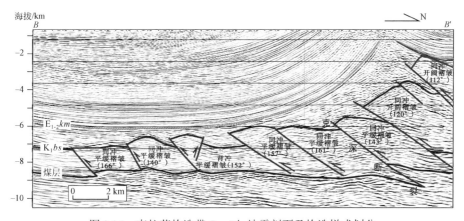

图 2.35　克拉苏构造带 B—B′ 地震剖面及构造样式划分

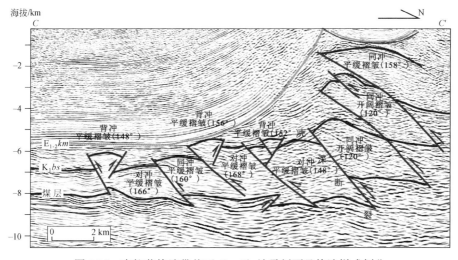

图 2.36　克拉苏构造带盐下 C—C′ 地震剖面及构造样式划分

剖面 D—D′ 为克拉苏构造带盐下西部的地震解释剖面（图 2.37）。整个剖面上，盐下中生代地层的构造样式都表现为平缓褶皱的断背斜，表明该剖面的褶皱变形相对弱。进一步依据断层组合形态，除了在剖面南缘的一个平缓褶皱之外，都具有相同倾向的边界逆冲断层，均划分为同冲平缓褶皱；而南缘的平缓褶皱具有相反倾向的边界逆冲断层，划分为背冲平缓褶皱。

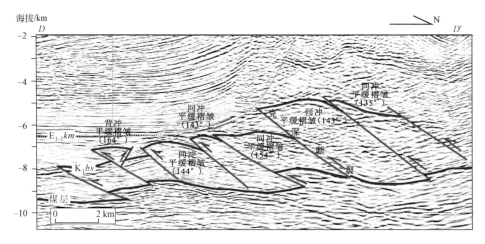

图 2.37　克拉苏构造带盐下 $D—D'$ 地震剖面及构造样式划分

本书在对克拉苏构造带进行地震剖面解释的基础上，以褶皱翼间角为依据，对克拉苏构造带盐下断背斜的构造样式进行了研究。按照翼间角的大小，研究区共划分出了平缓褶皱的断背斜和开阔褶皱的断背斜两类构造样式。进一步依据断层的组合形态，平缓褶皱划分出同冲、对冲和背冲平缓褶皱三类构造样式；而开阔褶皱划分出同冲和背冲开阔褶皱两类构造样式。克拉苏构造带不同构造样式具有较为明显的分布规律：在克深断裂北侧，构造主要为平缓褶皱和开阔褶皱的断背斜，而在克深断裂的南侧，构造全都是平缓褶皱的断背斜；此外，在克深中段和南段多存在对冲和背冲平缓褶皱的发育。

2.6　小　　结

依据克拉苏构造带的高品质地震剖面的解释分析，本章得出克拉苏构造带盐下构造为断层调节褶皱构造的结论。库车拗陷克拉苏构造带盐下构造不同于盐上断层相关褶皱构造，不能套用盐上构造模式来解释盐下的构造类型。

库车拗陷盐下构造为断层调节褶皱构造，是以褶皱作用为主，以断裂作用为辅，还可进一步分为枢纽断层调节褶皱和翼部断层调节褶皱。根据翼间角还可分为开阔褶皱和平缓褶皱，局部有中常褶皱，但少见。

库车拗陷克拉苏构造带垂向上分为四个带：盐上构造层、盐构造层、盐下构造层和基底构造层。

第 3 章 盐下构造变形机制的数值模拟

虽然前人针对库车拗陷构造变形过程进行了大量的物理、数值模拟研究,但主要研究对象是盐相关构造的形成机制与影响因素,对于盐下构造的形成过程及动力学机制少有探讨;这些模拟结果中盐构造的形态往往得到了较好的恢复,盐上构造也基本得到恢复,唯独盐下构造的模拟结果与实际相去甚远。研究区盐下构造样式相比于其上覆构造更加复杂,已发表的文献中也很难得到与实际吻合度较高的模拟结果,这不禁使人产生疑惑,中生代时期较平静的沉积环境下产生的地层是如何变形为现今如此复杂的盐下构造的?在喜马拉雅晚期构造作用下能否形成现今的盐下构造?其主控因素又是什么?

本研究尝试用离散元数值模拟方法,研究库车拗陷中部的克拉苏构造带盐下构造的形成机制及主控因素。离散元数值模拟方法更适合用来研究大变形,非常适合研究距离山前较近变形较剧烈的库车拗陷盐下构造变形过程。

本研究以克拉苏构造带盐下构造为主要模拟对象,分别对克深东部的克深 2 构造和西部介于克深和大北之间的克深 5 构造的变形过程进行离散元数值模拟。利用离散元数值模拟技术从原始地层状态恢复形成现今构造样式的过程,并从 50 个离散元数值试验模型中选取了 15 个最具代表性的模型对研究区变形过程及动力学机制进行分析,以探究断层调节褶皱的理论是否可以在动力学上解释库车拗陷克拉苏构造带盐下构造的形成机制,同时探索各种因素对盐下构造变形的影响。

3.1 离散元数值模拟方法

离散元数值模拟(discrete element modeling)广泛应用于大尺度变形的盐相关构造研究(Guo and Morgan,2004;Morgan and McGovern,2005;Naylor et al.,2005)。离散元数值模拟基于离散颗粒间接触准则,运用时间-位移有限差分方法计算颗粒在牛顿力学定律下的运动,是模拟材料弹性-摩擦变形的有效工具(Strayer and Suppe,2002;Dean et al.,2013)。模型中的材料由一系列圆盘状弹性颗粒组成,这些颗粒彼此相互接触,并与外围边界相接触。各颗粒之间设置了黏结强度,每个颗粒均受到重力作用。粒间作用力可以通过下述公式计算:

$$f_n = k_n \times \delta_n , f_s = k_s \times \delta_s$$

其中，f_n 和 f_s 分别表示垂向和剪切方向的作用力；k_n 和 k_s 表示颗粒间的相对距离；δ_n 和 δ_s 则分别代表颗粒间法向刚度和切向刚度，可通过岩石物理参数获得（Dean et al.，2013）。

离散元数值模拟方法可以应用于一系列与地壳变形相关的地质学、地球物理学问题，比如断层、剪切带、微观力学以及增生楔随时间的演化等（Saltzer and Pollard，1992；Antonellini and Pollard，1995；Donze et al.，1996；Scott，1996；Strayer and Huddleston，1997；Camborde et al.，2000；Iwashita and Oda，2000；Strayer and Suppe，2002；Finch et al.，2004；Guo and Morgan，2004；Morgan and McGovern，2005；Naylor et al.，2005）。

本次研究运用的是二维的 PFC（Particle Flow Code）软件去研究在沿层面方向挤压作用下形成的克拉苏褶皱冲断带。PFC 基于 Cundall 和 Strack（1979）描述的离散元模拟方法，有以下基本假设：颗粒是刚性球体，相互独立可以平动；接触点有一个可忽略不计的区域，运用接触软化，颗粒可以重叠；重叠部分小于颗粒尺寸；接触点存在黏结强度。已发表的数值模拟相关文献有许多是基于 PFC 系列软件进行模拟实验的，包括断背斜变形过程模拟、裂缝迁移机制、脆性岩石破裂机制等方面（Hughes et al.，2014；段云江等，2017；李维波等，2017；Liu et al.，2018；Tian et al.，2018；Xu and Cao，2018；Yang et al.，2018a，2018b；Liu et al.，2019），其中，段云江等（2017）和李维波等（2017）均运用 PFC 软件对克拉苏构造带盐上构造变形进行了初步模拟研究，因此，运用 PFC 软件研究克拉苏构造带盐下构造变形机制是可行、可信的。

克拉苏构造带自上至下主要分为三套岩性层，盐上层主要包括泥岩、粉砂岩、泥质粉砂岩；库姆格列木群（盐层）主要包括岩盐和石膏；盐下层主要包括砂岩和盐下泥岩（汪新等，2010）。基于前人研究，研究区各层力学参数如表 3.1 所示（Koyi et al.，2008；段云江等，2017；李维波等，2017）。

由于实际岩石物理学参数与 PFC 模拟需求的颗粒微观参数并不直接对应，需要进行岩石二轴数值实验来获得微观参数（Hughes et al.，2014；段云江等，2017；李维波等，2017）。为了获得颗粒的微观参数，需要对样品进行一系列双轴应力试验，在实验中不断校准颗粒的刚度、接触黏结强度和摩擦系数等微观参数，确保实验获得的黏聚力和内摩擦角能与材料实际的岩石物理学参数相符（Hughes et al.，2014；段云江等，2017；李维波等，2017）。在每项试验中，施加轴向恒定压缩速率及围压，通过围压-最大轴向主应力获得应力莫尔圆及其包络线，以获得该材料的黏聚力和内摩擦角。不断调整设定的颗粒微观参数，如果所得黏聚力和内摩擦角与表 3.1 中的实际黏聚力和内摩擦角相同，则本试验中的微观参数是材料的最佳微观参数。结合双轴应力实验及前人针对本研究区离散元数值模拟的参数设置（段云江等，2017；李维波等，2017），获得表 3.2 所示的颗粒微观岩石力学参数（表 3.2）。

表 3.1　克拉苏构造带宏观岩石力学参数

参数	盐上地层	膏盐层	盐下地层
密度/（kg/m³）	2400	2200	2600
内摩擦角/（°）	35	—	40
杨氏模量/GPa	60	—	60
泊松比	0.25	—	0.25
内聚力/MPa	10	—	10
体积模量/GPa	—	10	—
剪切模量/GPa	—	4	—
黏度	—	1019	—

表 3.2　克拉苏构造带微观岩石力学参数

参数	盐上地层	膏盐层	盐下地层
密度/（kg/m³）	2400	2200	2600
颗粒强度/Pa	10^8	10^8	10^8
黏结强度/Pa	10^6	100	10^6
粒间摩擦系数	0.7	0.05	0.7
右壁摩擦系数	0.7		
底板摩擦系数	0.2		
重力加速度/（m/s²）	9.8		

3.2　克深 2 构造的离散元数值模拟及动力学讨论

3.2.1　初始模型的构建

本模拟基于库车拗陷中部过克深 2 井地震解释剖面（图 2.7），在地质剖面上保留了地震解释出来的主要断层，各构造的形态及位置都基于地震解释剖面，其具体位置及现今变形样式如图 3.1 所示。研究区剖面北段盐上地区为一个大型的断层相关褶皱，盐下层则为一系列叠瓦状断背斜，北段背斜较紧闭为开阔褶皱，其断层规模和断距都较大，中南段较宽缓为平缓褶皱，其断层规模和断距均较小。盐下地区主要有五条规模较大的逆断层，北部盐下两条逆断层、反冲断层，盐上大型逆断层；中部盐下两条逆断层；南部一条逆断层（F_7）可以作为评估模拟结果吻合度的重要依据（图 3.1b）。

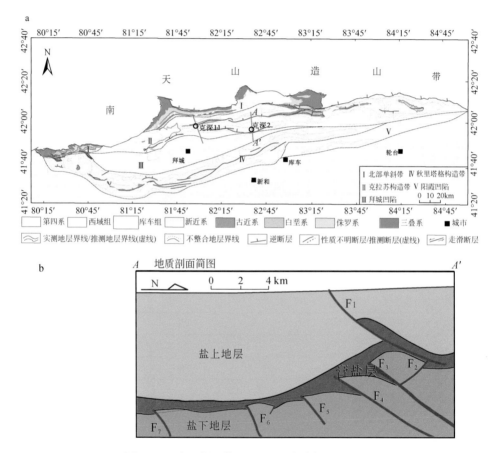

图 3.1 研究区剖面位置（a）及地质剖面图（b）

结合塔里木油田公司提供的平衡剖面，可以确定初始模型所对应的地质历史时期，并为初始模型的建立提供参考。库车拗陷中生代主要表现为陆内拗陷盆地，地层较平直且无明显增厚现象；新生代以来研究区构造活动开始逐渐增强，吉迪克组沉积期受早喜马拉雅期构造作用，地层逐渐产生较弱变形；在库车组沉积中的晚期，喜马拉雅期构造作用开始加剧，受南天山强烈隆升影响，库车拗陷进入陆内挠曲盆地演化阶段，研究区开始发生剧烈的缩短构造变形并最终形成如今的构造样式。通过平衡剖面恢复，可以确定初始模型对应时期为晚喜马拉雅期库车组沉积时期，因此，平衡剖面中库车组沉积剖面（图 3.2）可以作为初始模型形态的参考。

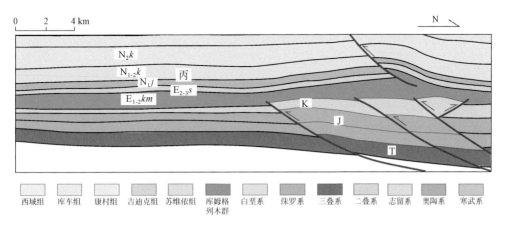

图 3.2　克深 2 构造库车组沉积剖面（塔里木油田公司提供）

　　研究区克深 2 构造主要位于库车盆地内部，受盆地边界效应影响较小。库车拗陷南段受到塔北隆起阻隔作用，因而将模型南段边缘设定为固定边界较为合适；库车拗陷北段边界于喜马拉雅晚期受南天山造山带隆起后对其南段产生的推挤作用，盆地范围内发育了近南北向的缩短变形，而克深 2 构造为枢纽东西走向的断背斜，应在模型北段边缘施加挤压作用（Yin et al.，1998；卢华复等，1999；张传恒和李红生，2002；张仲培和王清晨，2004；何光玉等，2006；张仲培等，2006；李曰俊等，2009；李忠等，2009；鞠玮等，2014；郑淳方等，2016）。因而在模拟中，对北段边界施加向南的挤压速率，代表南天山隆起造成的向南推挤作用；南段边界固定，表示受塔北隆起阻隔作用；底部边界为侏罗系煤层，因煤层为软弱的滑脱层，模型底边界为滑动边界，底边界摩擦系数为 0.2（图 3.3、表 3.2）。

　　基于前人研究中变形前一期的平衡剖面恢复结果，我们初步构建了初始模型样式，包括侏罗系煤层的底部滑脱边界和南北两边两个侧向边界（图 3.3）。这三条边界均为刚性的摩擦边界（表 3.2）（Hughes et al.，2014）。在以这三条边界所构建的模型中，随机分布地创建 10000 个刚性圆球颗粒，这些颗粒半径分布在 0.7～0.8 m 范围内，而后在重力作用下自由沉降。当沉降作用达到平衡后，将海拔 60 m 以上多余的颗粒删除，剩下的约 8000 个已压实的颗粒共同组成了长 250 m、高 60 m 的初始模型，该模型长度与实际地质剖面的长度比例为 1∶100。

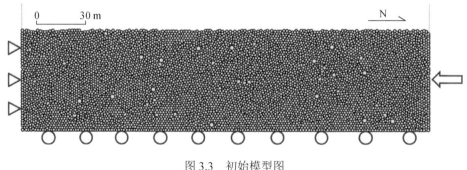

图 3.3 初始模型图

将剩余颗粒按照表 3.2 中各层位颗粒属性，赋予颗粒间的黏结强度与粒间摩擦系数，并依据各层属性添加对应的颗粒强度，最终将模型分为三层：其中两层为能干性较强的地层，代表克拉苏构造带盐上地层和盐下地层；两层中夹有一层软弱地层，代表研究区的盐层；地层中设置了薄层标志层（模型中白色、黄色和蓝色薄层）以方便对地层变形的观察，标志层与邻近地层的材料属性是一致的。当各层属性及粒间黏结强度与摩擦系数等微观参数完整设置后，模型右边界（北边界）以一个适中的速率（0.001 m/step）向内部推移，并最终推移 75 m，这个缩短率为 30%（段云江等，2017），与喜马拉雅晚期克拉苏构造带缩短量保持一致（汪新等，2010）（图 3.2）。

3.2.2 模拟结果分析

在研究过程中，创建了多个模型，以便针对各种可能因素进行探索。考虑到的各种影响因素包括盐层厚度、早期先存断层、基底先存起伏、盐层初始几何样式（盐洼陷、盐底辟等）与模型变形速率。最终通过模拟结果与实际剖面构造样式的对比，决定各因素的作用与影响力，对比依据主要为形成断层的位置、数量、断距，与变形后地层的几何形态等方面，具体包括模拟结果中断层数、断层规模与位置，以及盐下背斜的数目、规模与位置。将模拟结果中的上述构造要素与实际剖面中现今构造要素对比，与实际构造要素近似性越高，拟合得越好，就表明模拟结果越好，越可信。

3.2.2.1 盐层厚度对变形的影响

为研究不同厚度的盐层对变形结果的影响，研究中分别建立了薄层盐和厚层盐两种模型（图 3.4）。模型 1 研究了厚层盐层对变形的影响。其盐层厚达 13 m，分布深度为 23～36 m。模拟结果表明，北段盐下构造变形样式主要由切穿整个盐下层的断层所控制，断层最终插入上覆盐层中，北段存在反冲构造，其断距较小并与主断层相连。盐层和盐上层发生了大幅度的变形，剧烈的变形由盐上层产生的一条主断层所吸收。在模拟结果中南段，盐层和盐上层中产生了一个中小型褶皱，但南段的盐下层却几乎保持水平，很难观察到明显的变形。更重要的是，在南段的盐下层中显然没有产生任何的断层（图 3.4）。

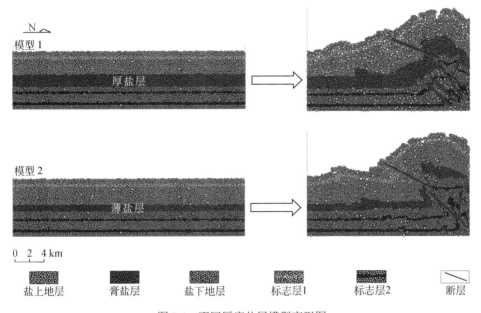

图 3.4　不同厚度盐层模型变形图

模型 2 研究了薄层盐层对变形的影响。其盐层厚达 7 m，分布深度为 26~33 m，而这个厚度同比例放大厚度与研究区盐层实际平均厚度基本一致。模拟结果表明，北段盐下构造变形样式主要由三条切穿整个盐下层的断层所控制，断层最终插入上覆盐层中，北段存在反冲构造，其断距较小并与主断层相连。盐层和盐上层发生了大幅度的变形，剧烈的变形由盐上层产生的一条主断层所吸收。在模拟结果中段，盐层和盐上层中产生了一个中小型褶皱，而盐下层也观察到了明显的变形。更重要的是，在盐下层中观察到了一条逆断层（图 3.4）。南段变形较弱，但与变形前相比依然可以观察到微弱的变形。

对比模型 1 和模型 2 两个模型的模拟结果可以发现，盐层的厚度会影响研究区盐下地层的构造变形，模型北段挤压端的盐下构造样式差异表明，厚盐层比薄盐层更有利于盐下地层构造变形的发生。然而，盐层厚度的影响结果是较为复杂的，实际上薄层盐模型的盐下层模拟结果远优于厚层盐模型，其形成的断层数量较多，断距也更接近实际；更重要的是在模型中段也形成了断层和明显的褶皱隆起，这是在厚层盐模型中无法观察到的结果。厚盐层虽然更有利于盐下构造变形，但这会进一步导致变形集中在最北部，盐下地层变形更剧烈并向上逆冲至盐层中，后续的变形被盐上地层吸收，反而不利于中南段盐下地层发生变形（图3.4）。对比两个模型整体的盐下变形程度，薄盐层的厚度与剖面中盐层厚度相近，其模拟结果也比厚盐层的模拟结果更好。

3.2.2.2 盐洼陷及盐隆起对变形的影响

模型3、模型4、模型5 三个模型被设计用来检测盐洼陷对变形的影响（图3.5）。在这三个模型中，盐洼陷分别位于模型的北段、南段和中段。模拟结果

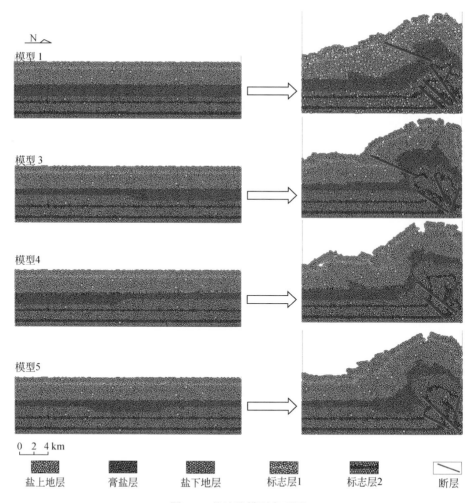

图3.5 盐洼陷模型变形图

表明，北段三者变形样式较为相似，三者北段均有主断层产生，并有反冲断层形成。然而模型 3 中的变形强度比另两者更大，其北段盐上地区产生了明显的主断层而后两者没有这一现象。三个模型的中南段也有较多相似之处，但变形强度有所不同，一方面，三者中南段盐层和盐上层均发育有明显的褶皱，但盐下层均未见明显变形，中南段也没有断层产生。另一方面，三个模型中南段褶皱发育位置有所不同，模型 3、模型 4 发育在模型南段，而模型 5 中褶皱形成于中部（图 3.5）。

总体上，模型 3 的北段区域变形比模型 4、模型 5 更强烈，而模型 3 的盐凹陷恰恰位于模型北段，这表明先存盐洼陷有促进其正下方盐下构造变形的作用。模型 3 北段盐上地层中产生了断层，而模型 5 中段盐洼陷正上方也有褶皱形成，这表明盐洼陷的存在也可以促进其正上方盐上构造的变形。因此，盐洼陷的存在有利于其上下两侧地层变形的发生。然而，这三个模型的中南段盐下构造变形依然太弱，实际剖面的中南段盐下断层依然无法通过这三个模型复原出来，单纯的盐洼陷模型并不是最吻合的模型。

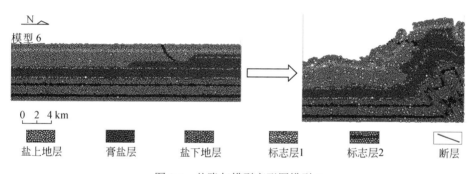

图 3.6　盐隆起模型变形图模型 6

模型 6 被设计用来检测盐隆起对变形的影响（图 3.6）。在这个模型中，两个盐隆起呈阶梯状分布，分别位于模型的北段和中北段，膏盐层向上隆起，底部保持平整。模拟结果表明，北段变形强烈有主断层产生，并有反冲断层形成。然而模型 6 中的变形基本完全集中在模型北段，其北段变形过大，盐下地层严重褶皱变形，膏盐层厚度过大，与实际剖面样式不符。模型的中南段盐层和盐上层发育有微弱的褶皱，但盐下层基本未见明显变形，中南段盐下地层也没有断层产生，这同样与实际剖面的中南段构造样式有很大差距，所以模型 6 不是最合理的模型。

3.2.2.3　盐下层隆起和先存断层对变形的影响

模型 7 研究了基底隆起对变形的影响。实际剖面北部构造呈阶梯状隆起特征，因此在模型北部地区预先设置了两个阶梯状小幅度隆起（图 3.7）。模拟结果表明北段盐下构造变形样式主要由切穿整个盐下层的断层和一条反冲断层所控制，主断层最终插入上覆盐层中；上部剧烈的变形导致盐上断层的产生。在模拟结果中南部地区，盐层和盐上层中产生了褶皱变形，但盐下层却几乎保持水平，很难观察到明显的变形。在盐下层中也没有产生任何的断层（图 3.7）。

模型 8 研究了先存断层对变形的影响。实际剖面北段存在数条主断层，因此在模型北段预先设置了四条先存断层，三条位于盐下，一条位于盐上（图 3.7）。这四条先存断层都设置了较弱的颗粒黏结强度。模拟结果表明北段先存断层进一步发育并吸收了大量位移量；没有反冲断层产生。大量变形都发生在盐层和盐上层，并在盐上层产生褶皱。在剖面的中南段，盐上层产生了褶皱，但盐下层却基本未变形（图 3.7）。

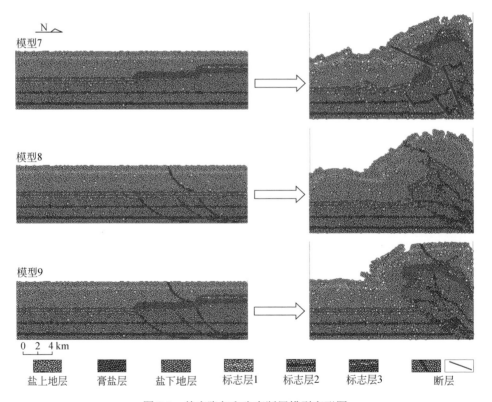

图 3.7　基底隆起和先存断层模型变形图

　　模型 9 研究了基底隆起和先存断层共存时对变形产生的影响。模拟结果表明北段构造样式与模型 7 大体一致（图 3.6），但其北段没有新的断层产生，也没有反冲断层产生，先存断层在后期构造作用下重新活动，产生的断距过大，隔断层将北段盐下地层截断形成三个小的区块，每个区块各自形成褶皱，这些褶皱沿着断层剧烈抬升，最高处甚至超过了表层的初始海拔；而在剖面的中南段，盐上地层产生较弱的变形，但盐下层依然未发育断层或褶皱（图 3.7）。

　　与模型 2 薄盐层模型相比，这三个模型的盐下地层构造变形都有一定增强，表明基底隆起与先存断层这两个因素都有促进局部盐下地区构造变形的作用。这三个结果盐上层和盐层的变形与实际较为接近，但在盐下层变形样式依然与实际相去甚远。这些模拟结果中，尤其是拥有先存断层的模拟中，北段盐下层断层的断距过大，远超出了实际剖面中断层的断距，反冲断层也未能产生，这些褶皱的形态及变形都严重受到先存断层影响，最北段褶皱甚至被抬升至地表初始海拔以上，这一方面是严重违背事实的，说明研究区在晚喜马拉雅期强变形作用发生前，不应该存在已形成的断层；另一方面，这组模拟也非常好地证实了，断层相关褶皱的变形过程是可以通过离散元数值模拟方法来进行模拟的，在有先存断层的条件下，先存断层优先发生活动，附近地层的褶皱变形确实受控于先存断层，基本不会有新断层产生，这些褶皱-断层构造展现为叠瓦逆冲构造。最重要的一点在于，三个模型的盐下层变形依然太弱，没有断层及明显的褶皱产生，所以依然不是最好的模拟结果。

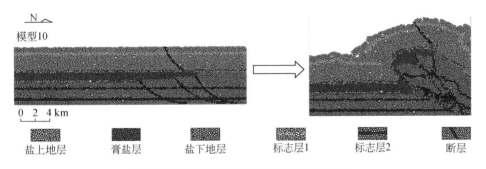

图 3.8　盐下层隆起含先存断层模型变形图

　　本研究在讨论先存断层的影响时，采用的是与前人平衡剖面中盐层厚度保持一致的盐层（即模型 2 中薄盐层），这导致在盐下地层存在先存隆起时，隆起上覆盐层也设立了盐隆起。为了排除盐隆起这一因素的影响，本书设立了模型 10 来进行模拟，模型中盐层厚度为 13 m，盐层厚度容许盐下隆起的存在，在模型北段和中北段盐下地层存在阶梯状的隆起，以此研究盐下层隆起和先存断层对实验结果造成的影响。

　　模型 10 模拟结果变形主要集中在模型北段，北段盐下地层被先存断层分为三个主要块体，自北向南块体逐步抬升呈叠瓦状，与模型 9 北段变形样式基本一致，但显著的区别在于模型 10 中北段块体抬升的高度比薄盐层模型中对应块体的高度更大，这一现象说明较厚的盐层可以为盐下地层的变形提供更大的自由空间并降低其受到盐上地层的约束。这进一步支持了博孜地区地震解释方案的构造特征，博孜地区盐层厚度明显比克拉苏构造带盐厚要小，因此博孜地震剖面北段盐下构造变形相对较弱。总体上，模型 10 模拟结果中北段变形更加剧烈，盐下地层抬升过高，先存断层进一步发育导致断距远大于实际断距，模型的中南段盐下地层基本未发生变形（图 3.8），这些都与实际不吻合，说明它也不是最吻合的初始模型。

　　为排除模型 10 模拟结果中先存断层的影响，单独研究盐下层隆起对变形的影响，模型 11 去除了先存断层，仅保留阶梯状隆起的盐下地层（图 3.9）。模拟结果表明变形依然主要集中在模型北段，但由于没有先存断层的影响，两者北段样式有较大差别。北段盐下块体未呈叠瓦状，受挤压作用影响，盐下地区产生了两条大型逆断层，并在其北段背斜北翼产生了两条小型反冲断层，逆断层断距适中，通过模型中标志层蓝色颗粒位置的变化可以看出，北段盐下主断层断距与实际断层的断距较为接近，北段块体抬升的高度也比含先存断层的模型高度更接近实际，这一现象说明研究区盐下地层在喜马拉雅晚期强烈构造变形发生前并没有先存断层形成。这与研究区中生代以来的地质背景是吻合的，中生代时期研究区构造活动非常弱，地层近水平且地层厚度也基本保持一致，早喜马拉雅期的弱构造作用并无法导致大型先存断层的形成。然而总体上，模型 11 模拟结果中北段变形与实际地质剖面中的断层不论是位置和数目都无法对应，模型的中南段盐下地层依然基本未发生变形，这些都与实际不吻合，说明它也不是最合理的初始模型。

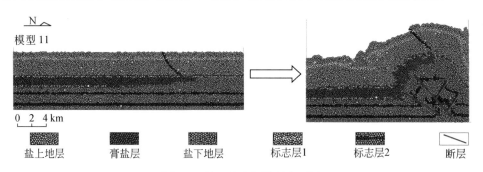

图 3.9　盐下层隆起模型变形图

3.2.2.4　挤压速率对变形的影响

以上研究了诸多因素的影响作用以及讨论了各模型结果的恢复程度，发现各种因素大体有着促进变形的作用，但盐下层模拟结果却不如人意，相似度最高的反而是模型 2 薄盐层模型，但它的变形程度依然不够强烈，部分实际剖面中存在的断层并未复原出来。在薄盐层模型的基础上，下面分别调整了变形速率获得了三个模型（模型 2A、模型 2B、模型 2C）以探究挤压速率对变形的影响（图 3.10）。

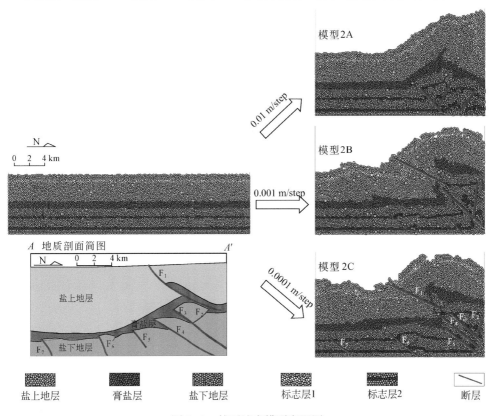

图 3.10　挤压速率模型变形图

模型 2A 施加的是较高的挤压速率（0.01 m/step）。在北段盐下层产生了三条断层（图 3.10）。但这三条断层样式与实际剖面有较大差别，仅产生了一条主逆断层，而反冲断层反而产生了两条；另外盐上层反而没有产生断层，这是存在问题的。在中南段，盐下层变形太弱以至于未产生断层或褶皱（图 3.10）。总体上，高速挤压获得的结果在断层倾向、数目、位置以及地层变形强度等方面都与实际相差太多。

模型 2B 施加的是原挤压速率（0.001 m/step）。模拟结果前文已经分析过，总体上北段与实际剖面较相近，但产生的断层在数目、断距以及存在位置等方面依然难以与实际相匹配。剖面的中南段变形依然较弱，中段的断层发育很差，与实际剖面中的发育完善断距明显的中段断层相差明显。但与高挤压速率相比，其变形程度加剧，表明较慢的挤压速率有利于复杂构造的形成。

模型 2C 施加的是较低的挤压速率（0.0001 m/step）。在北段盐下层产生了三条主断层以及一条反冲断层（图 3.10）。这些断层断距适中，与实际剖面断距非常相近，而在盐上层也产生了断层。在剖面的中南段，盐下层变形强度加大，产生了一个背斜和两个断层（图 3.10）。产生的断层自北向南断距逐步减小，与实际相近，更重要的是，断层的数目与实际剖面达到了一致，北段产生了四条逆断层和一条反冲断层，在剖面的中南段也产生了两条逆断层。同时，模拟结果剖面中的七条断层中有六条断层的位置与断距也基本与实际剖面相符（F_1，F_2，F_3，F_4，F_6，F_7），仅 F_5 断层有一定差距，位置过于靠北（图 3.10）。

综上所述，较厚的盐层、盐洼陷、基底隆起、先存断层等早期先存构造都可以促进模型北段盐下层序的变形，这是与前人的研究结果相吻合的。然而，包含这些构造要素的模型模拟结果也与李维波等（2017）的模拟结果存在同样的不足之处，即模拟结果剖面的中南段盐下地区基本未发生变形，而北段盐下地区与实际构造样式的拟合度也不是很高，都不是最佳的结果（表 3.3）。虽然较厚的盐层、盐洼陷、基底隆起有利于盐下地层的变形，但这导致模型北段变形量过大，变形量超过实际剖面北段，更重要的是，盐下变形也集中在模型北段，在北段随着剧烈隆起的盐下地块向上传递到盐层和盐上地层中，模型中段和南段盐下地层的变形强度则明显不足（表 3.3）。实际上，在上文克拉苏地区的地震解释剖面中也出现过类似现象，大北地区盐下变形整体特征就展现为北段剧烈变形，而中南段盐下地层则基本无明显变形；第 2 章中详尽分析的 12 条克拉苏构造带地震剖面中，若北段的克拉 2 区块变形适中，则其南段的克深 6 区块和克深 6 背斜南翼断层变形量都较大；若克拉 2 区块变形加大，则克深 6 背斜变形明显减弱，其南翼断裂甚至难以切穿盐下层。这说明，包含这些构造要素的模型虽然不是最佳模型，但其模拟结果是合理的、可信的。较厚的盐层、盐洼陷、基底隆起、先存断层等早期先存构造都可以促进模型北段盐下层序的变形，但其模拟结果与实际拟合较差，这可能与上文提出的大北地区变形特征解释方式是类似的，这些构造的存在降低了北段盐下地层受到的约束，变形集中于北段盐下地区并随着盐下地块的抬升最终传入盐层和盐上地层中，这导致变形量被上部地层所吸收，无法传递至中南段的盐下地层中，因此模拟结果中南段盐下基本未发生变形。先存断层的存在则进一步加大了北段的变形，存在先存断层的模型与实际的拟合度也是最差的（表 3.3）。

表 3.3 克深 2 构造各模型的初始条件及拟合程度

模型编号	初始模型涉及的构造要素	与实际剖面相似的构造要素	存在问题	拟合度
模型 1	无先存构造，地层水平，盐层较厚	反冲断层、断层断距适中	中南段无褶皱、断层或挠曲	良
模型 2A	无先存构造，地层水平，薄盐层高挤压速率	反冲断层、断层断距适中	中南段无褶皱、断层或挠曲，断层数目与实际不符	差
模型 2B	无先存构造，地层水平，薄盐层，挤压速率适中	反冲断层、中段背斜、断距适中	构造样式较简单，断层数目较少	优
模型 2C	无先存构造，地层水平，薄盐层，挤压速率较低	构造样式与实际最接近	F_2 和 F_5 断层位置与实际不完全一致	最佳
模型 3	北段盐凹陷	反冲断层、断层断距适中	中南段无褶皱、断层或挠曲	良
模型 4	南段盐凹陷	北段变形强烈	中南段变形很弱	良
模型 5	中段盐凹陷	北段变形强烈	中南段变形很弱	良
模型 6	盐层隆起	北段变形强烈	中南段变形很弱	良
模型 7	盐层、基底隆起	北段样式复杂	中南段变形微弱	良
模型 8	存在先存断层	北段样式复杂	中南段变形微弱，北段断层断距过大	差
模型 9	存在先存断层与基底、盐层隆起	北段样式复杂	中南段变形微弱，北段断层断距过大	差
模型 10	存在先存断层与基底隆起	北段样式复杂	中南段变形微弱，北段断层断距过大	差
模型 11	基底隆起	北段样式复杂	中南段变形微弱	良

薄盐层低挤压速率模型（模型 2C）获得了与克拉苏构造带中段实际地质剖面非常相近的模拟结果（表 3.3），这个模型没有复杂的初始构造，受到的挤压速率也较慢，获得了最佳的模拟结果，这个模型的地层基本水平且没有任何基底隆起、盐洼陷、先存断层等复杂构造，是与当地地质背景一致的，该地区中生代构造活动较弱，没有复杂先存构造是合理的（余海波等，2016）。这个模拟结果表明，库车拗陷中段中生代平静的初始地层在喜马拉雅晚期挤压作用下是确实可以变形为现今较为复杂的构造样式的。当然，最佳模型的地层基本水平指的是研究区盐下地层在晚喜马拉雅期强构造变形前未发生明显的构造变形，因此不存在先存断层，但这并不意味着真实地层一定彻底水平，它表明地层在该阶段未发生明显变形而基本保持地层初始的状态，地层因沉积和压实等作用可能存在小范围的弯曲、凹陷等情况，但不会出现断层，以及盐洼陷基底隆起等大幅改变地层初始形态的情况（图 3.10）。

　　结合最佳模型 2C 的变形过程，可以进一步分析克深 2 构造盐下地层的变形机制。变形初始阶段地层受北段挤压作用逐渐弯曲形成褶皱，当缩短量为 10%时，盐下地区不对称褶皱初步形成，盐上地区受挤压和下部抬升影响，也逐渐形成褶皱，随着挤压的进行，盐下背斜进一步发育，其前翼更加陡立，当缩短量为 20%时，前翼已然发生倒转，通过观察盐下层蓝色标志层可以看出，前翼蓝色颗粒间的连接已经被破坏，地层受剪切作用已经初步错断形成断层（图 3.11）。随着进一

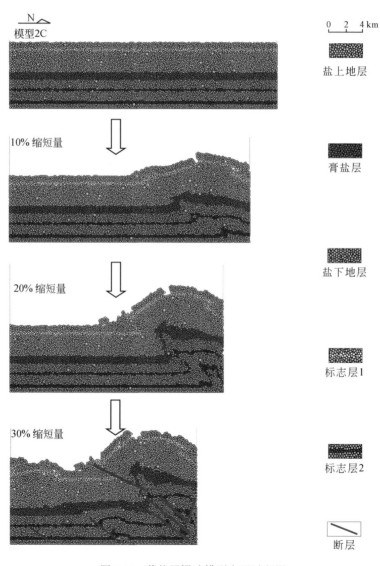

图 3.11　薄盐层慢速模型变形过程图

步挤压，褶皱进一步发育，伴随着前翼断层规模进一步增大，褶皱核部枢纽附近标志层也发生错断，于褶皱枢纽附近形成断层（图 3.11）。变形后期，在褶皱后翼部分形成小型反冲断层，而在剖面中段，盐下地层也形成了开阔背斜并在翼部发育有逆断层和反冲断层，南段也有小断层发育（图 3.11）。整个变形过程清晰可信地向我们展示了研究区盐下构造发育的过程，即褶皱先形成，之后随着褶皱进一步变形，前翼逐渐倒转受剪切作用形成翼部逆断层，在褶皱变形后期，褶皱更加紧闭，其核部枢纽附近也产生了逆断层，这些断层并未严重影响背斜的发育，而是伴随着褶皱发育逐步形成的。这个过程说明研究区盐下构造变形过程是一个断层调节褶皱形成的过程，与前翼剪切断层调节褶皱发育模式较为类似，位于前翼的构造属于翼部逆断层调节褶皱，而位于核部附近的构造则属于枢纽相关断层调节褶皱。通过克深 2 构造的离散元数值模拟试验，可以获得研究区变形前的构造样式，并确定用断层相关褶皱的理论进行建模是无法恢复出研究区实际构造样式的（图 3.7 和图 3.8）；而模型 2C 的无先存断层薄盐层最简模型获得了最佳的模拟结果，这说明用断层调节褶皱的理论去解释研究区盐下构造变形的成因机制是科学的、合理的。

3.3　克深 5 构造的离散元数值模拟及动力学讨论

3.3.1　初始模型的构建

克深 5 构造位于克深 2 构造以西，介于克深区块和大北区块中间。本模拟基于克拉苏构造带过克深 11 井地震解释剖面（图 3.12a）进行对比分析，剖面现今变形样式及库车组沉积期平衡剖面如图 3.12 所示。研究区北段盐上地区依然为大型的断层相关褶皱，盐下层则为一系列断背斜，盐下变形自北向南构造变形程度逐渐减弱，北段背斜为开阔褶皱，断层规模和断距都很大，最北段断层具有巨大的断距；中南段为平缓褶皱，盐下地区主要存在两条逆断层和一些小断层。盐下地区主要有四条规模较大的逆断层，北段盐下两条逆断层；中南段盐下两条逆断层可以作为评估模拟结果吻合度的依据。

结合塔里木油田公司提供的平衡剖面，克深 5 构造的演化与克深 2 构造较为类似，可以确定初始模型对应时期同样为晚喜马拉雅期库车组沉积时期，因此，平衡剖面中库车组沉积剖面（图 3.12）可以作为初始模型形态的参考。

初始模型的建立与克深 2 构造较为类似，同样由侏罗系煤层的底部滑脱边界和南北两边两个侧向边界构成。三条边界均为刚性的摩擦边界（表 3.2）（Hughes et al.，2014）。然后在模型中以同样的方法，随机分布创建 10000 个刚性圆球颗粒，并在重力作用下自由沉降。当沉降作用达到平衡后，将海拔 60 m 以上多余的颗粒删除，剩下的已压实的颗粒共同组成了长 235 m、高 60 m 的初始模型，模型长度与实际剖面长度的比例为 1：100。

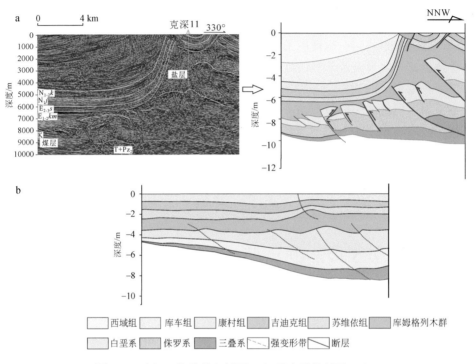

图 3.12　克深 5 构造现今剖面（a）及变形前剖面（b）

　　依据塔里木油田公司提供的岩石力学参数，克深 5 构造内煤上地层的岩性基本与克深 2 构造保持一致，同样可以采用表 3.2 中的微观岩石力学参数进行模拟。因此使用与克深 2 构造的模拟同样的方式将剩余颗粒按照表 3.2 中各层位颗粒属性，赋予颗粒间的黏结强度与粒间摩擦系数，并依据各层属性添加对应的颗粒强度，将模型分为两层能干性较强的地层，以及一层软弱地层；地层中设置了薄层标志层（模型中白色、蓝色薄层）以方便对地层变形的观察，标志层与邻近地层的材料属性是一致的。模型右边界（北边界）以一个适中的速率（0.001 m/step）向内部推移，并缩短 30%（段云江等，2017），与喜马拉雅晚期克拉苏构造带缩短量保持一致（汪新等，2010）。

3.3.2　模拟结果分析

克深 2 构造的模拟过程已经考虑并分析了大量因素对模拟结果的影响作用，先存断层的存在会导致变形过于严重，而去除先存断层，以平衡剖面为依据构建初始模型，更容易获得接近实际的模拟结果。克深 5 构造的模拟研究从此入手，尝试用离散元数值模拟方法模拟出克深 5 构造现今的构造样式。

3.3.2.1　底部倾斜模型

考虑到在前人库车组沉积期平衡剖面中，剖面底部自北向南明显呈现出逐渐抬升的趋势，因此在建模时构建了倾斜的摩擦底面，底面南段比北段抬高 23 m。

模型 12A 采用的是较薄盐层厚度、地层近水平的模型，由于平衡剖面中盐层厚度不是一成不变的，本模型的盐层厚度采取的是剖面中盐层较薄处的厚度，边界挤压速率设置为 0.01 m/step，即适中的挤压速率。模拟结果变形主要集中在模型中段和北段，北段变形强烈，盐下地层弯曲严重形成开阔褶皱，褶皱前翼形成两条逆断层，后翼产生反冲断层，受底部影响，盐层及盐上层也形成褶皱。中段也发生变形，盐下地层形成褶皱，在褶皱两翼勉强可识别出两条小断层；在最南段盐下地区难以观测到变形，盐上地区发育箱状背斜（图 3.13）。总体上，模型 12A 模拟结果北段和中段都发育背斜，但变形强度与构造样式都与实际不吻合，说明它不是最合理的模型。

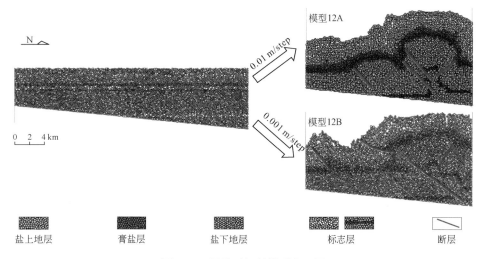

图 3.13　滑脱面倾斜模型变形图

模型 12B 使用了与模型 12A 相同的条件，差别是 12B 使用了较慢的挤压速率（0.001 m/step）。两者的模拟结果有很大的差别，慢速挤压作用下，中段盐下地层反而变形减弱，位移量通过盐上地层变形吸收，导致研究区南段盐上地层褶皱变形更加剧烈，这与实际剖面的构造样式是不相符的。模型 12B 的模拟结果表明，倾斜的底部滑脱面不利于盐下地区变形量的传递，地层倾斜会导致北段变形更加剧烈，北段受挤压作用剧烈抬升，后续挤压作用则基本被盐上地层吸收，导致盐上变形剧烈，而盐下层反而变形减弱（图 3.13）。

3.3.2.2 水平滑脱层状态下的水平地层模型

克深 2 构造的最吻合模拟结果给予后续的模拟工作一定的启示，模型 13 和 14 尝试使用类似模型 2 的水平地层模型进行模拟。其中模型 13 的盐层厚度与模型 12 中盐层厚度一致，均为实际剖面中盐层较薄处的厚度，而模型 14 中盐层厚度适当加厚，采用的是实际剖面中盐层最厚处的厚度（图 3.14）。模拟结果表明变形依然主要集中在模型中段和北段，两个模拟结果整体上较为类似，北段变形强烈，盐下地层弯曲严重，前翼剪切严重形成大型反冲断层。模拟结果的中段也发生较强烈的构造变形，盐下地层形成褶皱，在褶皱两翼可识别出逆断层和反冲断层；在最南段盐下地区则难以观测到变形。但模型 14 北段变形与模型 13 大致相当，但中段变形显然更强，这说明厚层盐层给予了盐下变形更大的变形空间，利于盐下变形的发生，这与克深 2 构造模拟的认识是一致的。总体上，模型 13 和

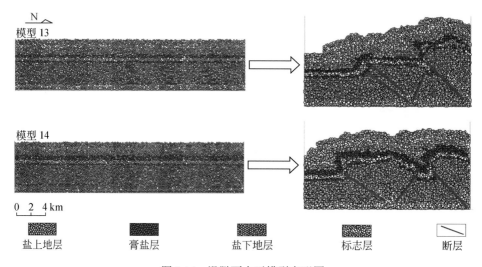

图 3.14　滑脱面水平模型变形图

14 模拟结果北段和中段的变形强度与构造样式都与实际不吻合，依然不是最合理的模型（图 3.14）。

3.3.2.3　不等厚盐层模型（克深 5 构造最佳模型）

使用等厚的盐层建立初始模型并未获得较好的模拟结果，说明克深 5 构造晚喜马拉雅期变形前可能发生一定程度的变形导致地层不是等厚的水平层。从实际剖面中可以看出盐层厚度并非一成不变的，剖面北段盐层厚度明显更厚一些，因此模型 15 采用了南薄北厚的盐层作为近似，厚度均以实际剖面中盐层对应位置的厚度作为参考（图 3.15）。模拟结果的变形集中在北段和中段，北段变形强烈，盐下地层弯曲严重褶皱较紧闭，前翼剪切严重形成两条大型反冲断层，盐上层也形成一条逆断层，与实际较吻合。模拟结果的中段也发生较强烈的构造变形，盐下地层形成褶皱，在褶皱两翼可识别出两条逆断层和两条小型反冲断层，这与实际剖面中段盐下构造有着良好的对应关系；在最南段盐下地区则难以观测到变形。总体上，模型 15 模拟结果与实际最为吻合，几条主要断层的形态及位置基本可以复原出来，而小断裂的恢复也较好，可以认为模型 15 是克深 5 构造变形模拟的最合理模型。

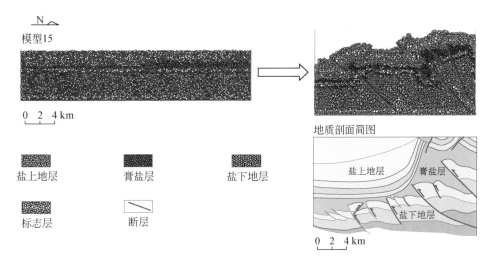

图 3.15　滑脱面水平模型变形图（图例同图 3.12）

综上所述，克深 5 构造同样可以通过数值模拟进行复原，最合理模型变形前的地层略有起伏，盐层厚度也有一定变化，但基本可以肯定喜马拉雅晚期变形前研究区盐下地层未经历强烈的变形，没有先存断层的存在。克深 5 构造的变形过程依然是先形成褶皱后逐渐发育断层的过程，这说明用断层调节褶皱的理论去解释克拉苏构造带盐下构造是合理的、可行的。克深 5 构造最佳模型为北厚南薄的近水平层模型，同样说明克拉苏构造带中生代构造平静期的地层中没有复杂的先存构造存在，在喜马拉雅晚期挤压作用下确实可以演变为现今复杂的构造样式，这与克深 2 构造模拟的结论是一致的；另外，研究区变形前地层为近水平层而不是严格的水平层，克深 5 构造现今剖面北段盐层厚度明显大于克深 2 剖面，因此克深 5 对应的初始模型地层北段盐层适度增厚也是合理的。

3.4　小　　结

本章运用离散元数值模拟方法选择克深 2 和克深 5 两个构造的实际剖面为例，分别设定不同厚度盐层、不同盐洼位置，先存断裂或基底隆起，不同缩短速率等条件下模拟库车拗陷盐下的变形过程。

模拟结果表明即使具备先存复杂的条件，虽然能模拟出北段复杂逆冲构造，但不能模拟出中南段盐下断背斜，而在没有先存构造条件的最简单水平地层（含盐层）受到慢速挤压缩短作用下，可以模拟出北段复杂逆冲构造和中南段盐下断背斜构造，并且与实际地质事实相吻合。模拟结果还表明剖面北段构造最复杂变形最强烈，向南逐渐变形减弱，构造变得简单，这与实际剖面非常吻合。

第4章 库车拗陷克拉苏构造带的演化过程

构造演化剖面的恢复与分析是恢复一个地区构造演化过程的重要手段，上文中的数值模拟工作中，前人的构造演化剖面工作也为我们初始模型的建立奠定了基础。然而，构造演化剖面的恢复不仅要遵循平衡剖面编制的基本原则，还需要做一些构造模式的分析调整。前人开展的库车拗陷中生代以来的克拉苏构造带演化剖面的编制是在传统的断层相关褶皱模式指导下完成的（余一欣等，2008；余一欣和王鹏万，2009；石刚，2010；张涛，2014），然而断层相关褶皱已经不适用于克拉苏构造带盐下构造的解释，因此前人的构造演化剖面也出现了相关问题，需要以断层调节褶皱模式为基础重新开展构造演化剖面的研究。

前人的研究中，研究区构造演化剖面的制作是在断层相关褶皱模式指导下，使用先存断层来调节剖面整体的变形量的，其最明显的特征是断层分布在构造演化剖面的各期剖面中（图4.1），在最早的二叠系沉积剖面中便已经存在断层。中生代的三条剖面中，研究区未受到强烈的构造作用，从三叠系沉积前剖面到库姆格列木群沉积前剖面，四个剖面的南北向长度完全保持一致，剖面北段克拉苏构造带位置都发育大断层。库车组和康村组沉积前剖面与早期的剖面长度依然保持一致，但剖面内部开始发育大量断层，断层底部与主断层相连；到了现今剖面，早期存在的断层在喜马拉雅期强烈挤压作用下发生变形，形成现今构造样式。总体上，前人构造演化剖面中断层的存在贯穿始终，研究区在中生代剖面就开始存在断层，先存断层在新生代构造作用下进一步活动，是典型的断层相关褶皱模式。随着研究区盐下勘探开发的进行，断层相关褶皱模式不能解释勘探开发中发现的裂缝垂向分带现象，也就是说断层相关褶皱模式与实际生产实践相悖，以该模式为指导恢复的构造演化剖面也不能适用于解释研究区的构造演化过程。

一方面，前人构造演化剖面本身存在一定问题，部分断层出现时间过早，如白垩系沉积前剖面北段便存在两条断层，然而新一期的剖面（库姆格列木群沉积前剖面）中早期断层却消失了，剖面北段仅存一条断层（图4.1）。早喜马拉雅期库车组沉积前的剖面中，剖面完全未发生缩短，但剖面内部却产生了大量断层。另一方面，断层附近地层却保持连续，甚至连挠曲都不存在，这显然是不合理的。前人克拉苏构造带的构造演化剖面存在诸多问题，有必要重新编制研究区构造演化剖面。

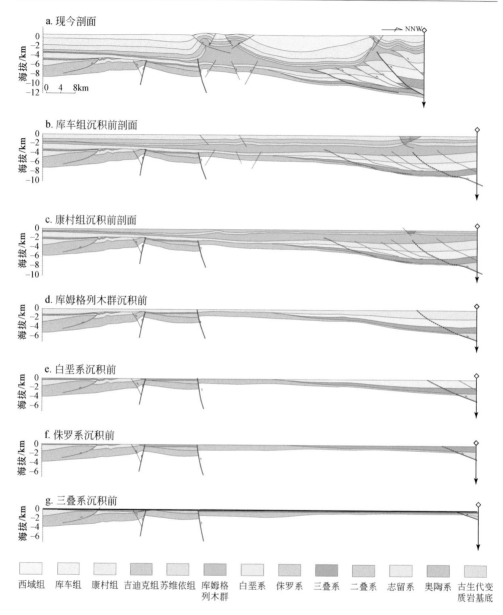

图 4.1 恢复的克深 5 构造的演化剖面（塔里木油田公司提供）

上一章中，克深 2 构造离散元数值模拟中的最佳模型——模型 2C 的变形过程（图 3.11）清晰地展示了克深 2 构造盐下地层的变形机制是先褶皱后断层，即断层调节褶皱的演化过程。实际上，克深 5 构造离散元数值模拟的最佳模型也有着类似的变形过程：

　　变形初始阶段地层受北段挤压作用逐渐弯曲，先挠曲再进一步形成褶皱，当缩短量为 10% 时，盐下地区褶皱初步形成，盐上地区受挤压和下部抬升影响，也逐渐形成相对宽缓的背斜，随着挤压的进行，盐下背斜进一步发育，其前翼更加陡立，盐下层背斜前翼部位作为标志层白色条带已呈直立状态。当缩短量为 20% 时，前翼已然发生倒转，前翼与后翼的产状已接近平行。通过观察盐下层白色标志层可以看出，前翼中下部的白色颗粒间的连接已经被破坏，地层受剪切作用已经初步错断形成断层（图 4.2）。随着挤压程度达到 30%，褶皱进一步发育，前翼断层的规模也进一步增大，盐下层顶部褶皱外缘也形成断层（图 4.2）。变形后期，在剖面中段，盐下地层也形成了开阔背斜并在前翼发育有大型逆断层和数条小断层，南段也有小断层发育（图 4.2）。整个变形过程清晰地向我们展示了研究区盐下构造发育过程中，先形成褶皱，之后随着褶皱进一步变形，前翼逐渐倒转受剪切作用形成翼部逆断层，在褶皱变形后期，褶皱更加紧闭，断层规模也进一步扩大形成现今断距较大的北段断背斜或单斜带。

　　前面开展的克深 2 构造和克深 5 构造的离散元数值模拟结果表明，研究区中生代以来的构造演化过程是断层调节褶皱的形成过程，与前翼剪切断层调节褶皱发育模式较为类似。本研究开展的离散元数值模拟实验，表明用断层相关褶皱模式进行建模是无法恢复出研究区实际构造样式的，而模型 2C 与模型 15 的无先存断层最简模型获得了最佳的模拟结果，说明用断层调节褶皱模式去解析研究区盐下构造样式是科学可行的。这将指导该研究区盐下构造的勘探开发。模型 2C 与模型 15 的变形过程与研究区中生代以来的构造演化过程是非常吻合的，变形前地层接近水平的状态对应着构造演化剖面中的中生代剖面，这些剖面地层基本水平，没有复杂的先存构造，与研究区中生代处于平静构造时期的构造背景是一致的。模拟过程中缩短量 10% 与研究区早喜马拉雅期较弱挤压作用下的地层是对应的，早喜马拉雅期的剖面是应该存在一定缩短量的，而不是前人构造演化剖面中的中后期地层完全不缩短，只在最后一期剖面发生大量缩短，事实上模拟结果表明康村组-库车组沉积前的剖面就应该有少量缩短，只是剖面内部地层发生一定弯曲，但无褶皱形成。最后，随着挤压量的增加，剖面大幅缩短，挠曲进一步发育成褶皱，并在褶皱的南翼进一步发育调节断层，最终才形成现今复杂的叠瓦式断背斜构造样式。总而言之，离散元数值模拟给研究区构造演化的恢复带来了巨大启示，模拟结果表明在考虑重力载荷的条件下无先存断层的简单的初始剖面是可以在持续缩短过程中形成现今复杂构造样式的，研究区演化的过程也通过模拟展示出来，即断层调节褶皱的形成过程。这表明以断层调节褶皱模式为指导，先用褶皱后用断层来调节剖面的变形量以恢复研究区构造演化过程是非常合理的。

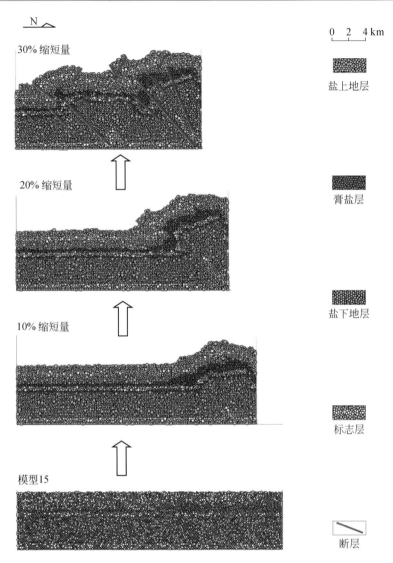

图 4.2　克深 5 构造的最佳模型变形过程的离散元模拟图

　　最新的高品质地震资料的解释在几何学上为研究区盐下构造为断层调节褶皱这一观点提供了依据，而离散元数值模拟则从运动学和动力学上证实了断层调节褶皱模式是确实适用于库车拗陷克拉苏构造带盐下构造演化过程分析的。这些研究主要集中在库车拗陷中部的克拉苏构造带，对南部的拜城拗陷、秋里塔格等地区的地震解释也会有指导意义。

　　本书在断层调节褶皱模式指导下，遵循平衡剖面层长守恒、面积守恒的基本原则（刘卫，2015；李凤娇，2017；韦振权等，2018；范增辉等，2018），重新编制了库车拗陷中生代以来的构造演化剖面，更合理地表现库车拗陷中生代以来的构造演化过程。从东至西依次选取了 4 条剖面进行介绍（图 4.3），分别为克深 5 地区的构造演化剖面（图 4.4）、克深 2 地区的构造演化剖面（图 4.5）、大北地区的构造演化剖面（图 4.6）和博孜地区的构造演化剖面（图 4.7）。

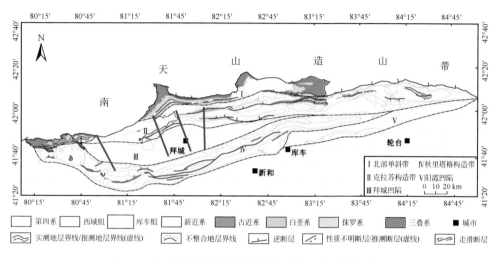

图 4.3　库车拗陷区域地质简图及构造演化剖面位置图

4.1　构造演化过程的恢复与分析

　　库车拗陷的克深、大北和博孜地区由于所处拗陷的位置不同以及膏盐层厚度不同从而具有各自的构造特征。博孜地区盐层相对较薄，膏盐层具有中间薄两边厚的特征，盐下构造变形相对较弱；大北地区南部膏盐层厚度巨大，向北减薄，北部变形相对弱于克拉苏构造带；克拉苏地区盐层厚度相对均一，北部的盐上断背斜导致北部盐层相对较厚，北部盐下层变形更为剧烈。虽然各地区构造特征有一定差异，但整个中生代以来变形过程大体上是一致的。我们根据断层调节褶皱模式重新恢复了该地区的构造演化过程剖面。

　　侏罗纪时期，四个构造演化剖面大致相似。剖面中的地层北部较厚，南段较薄。三叠纪和侏罗纪地层总体上保持水平，地层中没有任何断层或褶皱发育（图 4.4～图 4.7）。

　　白垩纪地层的形态与侏罗纪地层大致相同，说明中生代时期相对平静构造作用较弱。这些地层也几乎是水平的，从剖面的北段到南段逐渐变薄（图 4.4～图 4.7）。

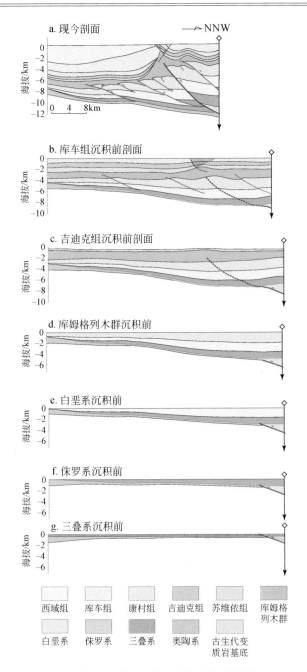

图 4.4 克深 5 地区的构造演化剖面

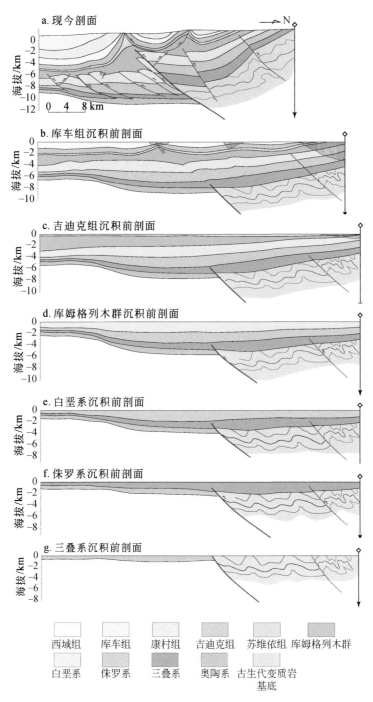

图 4.5　克深 2 地区的构造演化剖面

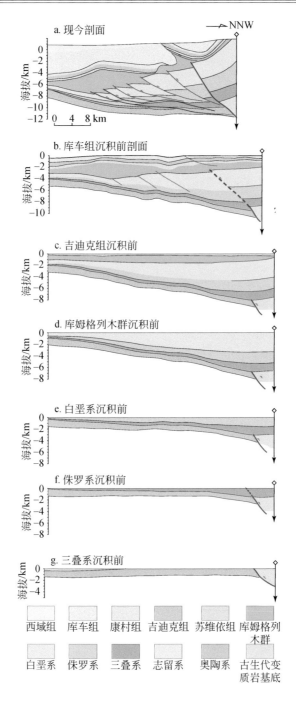

图 4.6 大北地区的构造演化剖面

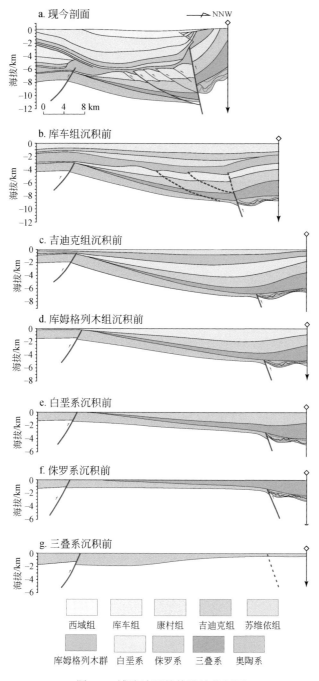

图 4.7　博孜地区的构造演化剖面

苏维依组沉积时期，库木格列木盐层和苏维依组沉积于白垩纪地层之上。地层仍接近水平，并且北段厚度较厚，但苏维依组沉积时期，南段的地层厚度也明显增加，在克深 5 地区的构造演化剖面和克深地区的构造演化剖面的南段地层比前一期厚许多。

如上所述，库车拗陷中生代剖面的地层保持水平，且没有发生强烈变形。这表明，从中生代到喜马拉雅期早期（>8 Ma），研究区的构造活动相对较弱（图 4.4～图 4.7）。在安静的构造背景下，这些地层没有明显的断层或褶皱发育。前人的研究也表明，从中生代到喜马拉雅早期，研究区的构造活动相对平静，为较平静的湖泊相古地理环境（贾承造等，2003）。

在康村组沉积期（喜马拉雅早期），剖面的构造样式发生了巨大的变化，其构造样式与早期的剖面有了较大差异。与早期相比，康村组沉积期的剖面长度发生缩短，形成一系列褶皱以吸收缩短量，在褶皱前翼附近发育有地层挠曲。总体上，这些构造具有一些共同的特征，褶皱都是平缓的褶皱，翼间角很大，在褶皱翼部附近发育的地层挠曲变形相对较弱，没有明显的断距（图 4.4～图 4.7）。康村组沉积期博孜地区的构造演化剖面在中段和北段发育四个不对称的平缓背斜，最南端背斜主要发育在白垩纪地层中，其余三个背斜发育在白垩纪和侏罗纪地层中，其南翼发育三个挠曲（图 4.4～图 4.7）。这些挠曲的长度非常大，向下延伸到三叠纪地层。剖面的中段和南段发育四个不对称的平缓背斜，变形主要集中在北段，北段发育三个背斜。最南端背斜主要发育在白垩纪地层中，其余三个背斜均发育在白垩纪和侏罗纪地层中，甚至影响到剖面底部的三叠纪地层。这些背斜的南翼发育四条挠曲带，其中两条长度较大，向下延伸至三叠纪地层，其余两条地层挠曲带主要发育于白垩纪地层，消失于下伏的侏罗纪地层之中（图 4.4～图 4.7）。克深 2 地区的构造演化剖面发育三个不对称的平缓背斜，最南端背斜主要发育在白垩纪和侏罗纪地层中；剖面中段发育一个非常大的平缓背斜，覆盖了该时期剖面的一半以上；位于北段的背斜影响了北段的整个盐下地层，这三套盐下地层在喜马拉雅期早期都发生了构造变形（图 4.4～图 4.7）。背斜南翼发育三条挠曲带，其中两条挠曲带发育于剖面南侧白垩纪地层中，另一条挠曲带发育于北侧，规模较大，向下延伸至三叠纪地层（图 4.4～图 4.7）。

在喜马拉雅晚期，研究区受强烈的南北向缩短作用影响，构造样式进一步发生了改变，形成了现今复杂构造样式（图 4.4～图 4.7）。克拉苏褶皱冲断带在喜马拉雅晚期的总缩短率约为 30%（汪新等，2010），与康村期地层相比，现今的剖面构造变形更强烈（图 4.4～图 4.7）。康村期原始平缓褶皱在喜马拉雅晚期强烈挤压作用下，在原始平缓褶皱之中发育了若干平缓褶皱。与原始平缓褶皱相比，后期形成的褶皱更为紧闭，褶皱内部和褶皱两翼发育一系列规模较小的次级断层。后期形成的褶皱和断层规模一般较小，主要发育在白垩纪地层中（图 4.4～图 4.7）。康村组沉积期原本没有明显断距的挠曲带变形为断层，而且断层断距很大，断层上盘被抬升进入盐层（图 4.4～图 4.7）。

4.2 小 结

总体而言，库车拗陷中生代的构造背景非常平静，研究区地层总体保持水平，无明显变形。在喜马拉雅早期，研究区主要变形为挠曲，并在剖面上形成了几个两翼角很大的平缓褶皱。在这一时期，只有挠曲和平缓褶皱发育，而在构造演化剖面上没有断层出现。地层中出现一系列的挠曲或平缓褶皱以吸收缩短量，但地层仍然是连续的。直到喜马拉雅晚期，研究区才经历了强烈的构造变形，初始的挠曲和平缓褶皱进一步变形，形成了若干小规模的褶皱。在这些褶皱的陡立南翼进一步发育了次级断层来调节变形量。无论规模大小，逆冲作用都是在褶皱后形成的。这表明，研究区的断层为次级构造，盐下构造为断层调节褶皱构造。

第5章　盐下构造控制的裂缝分带性

　　前面通过对库车拗陷克拉苏地区地震解释与断层调节褶皱模式的对比分析，认为研究区的盐下构造属于断层调节褶皱。褶皱规模大多数大于断层规模，褶皱是第一级构造，而剖面中大部分逆断层的断距往往都比较小，是次级构造，其发育位置也是在褶皱的核部或翼部。这些次级逆断层规模、断距都很小，不能影响到褶皱的整体几何形态。因此，盐下地层发育的构造裂缝主要受褶皱作用控制。

　　前面对库车拗陷克拉苏构造带的一系列离散元数值模拟结果也表明褶皱作用是影响盐下构造变形的主要因素。研究区的盐下断背斜构造是先形成褶皱，之后随着褶皱进一步变形，前翼逐渐倒转剪切形成翼部逆断层，在褶皱变形后期，褶皱更加紧闭，其核部枢纽附近也产生了逆断层。这些断层伴随着褶皱发育逐步形成且未严重影响背斜的整体形态。这个过程与前翼剪切断层调节褶皱发育模式非常相似，说明研究区盐下构造变形过程是"先褶后断"的断层调节褶皱的形成过程。

　　库车拗陷盐下致密气藏的储层是裂缝性致密砂岩，裂缝起着重要的作用。既然前面提出了盐下构造为断层调节褶皱，是以褶皱作用为主，那么盐下断背斜构造的裂缝发育特征和分布规律如何？是水平分带还是垂向分带？裂缝发育机制如何？

　　下面我们通过岩心和成像测井的裂缝测量统计分析开展裂缝分带性的单井分析和联井分析，提出盐下断层调节褶皱的裂缝分带模式；最后利用有限元数值模拟方法分析断背斜裂缝发育机制及主控因素。

5.1　裂缝分带性的单井分析

　　首先本节在库车拗陷中部的克拉苏构造带克深 2 井断背斜南翼选择了一口井——克深 207 井开展裂缝的单井分析。下面所有的裂缝密度我们都采用裂缝面密度，即某一块岩心表面上见到的所有构造裂缝总长度之和除以岩心的表面积，单位：m^{-1}。克深 207 井的岩心和显微薄片观测显示单井中巴什基奇克组构造裂缝的发育具有垂向分带性（图 5.1）。克深 207 井巴什基奇克组深度起始于 6787 m，钻井显示巴什基奇克组为一套褐色中、细粒的岩屑长石砂岩，局部为褐色含泥砾细砂岩。岩心取自巴什基奇克组垂向上三个不同的位置，分别为上段 6795～6815 m、中段 6865～6875 m 和下段 6990～7000 m，不同深度的岩心取样为裂缝的垂向变化研究提供了便利。

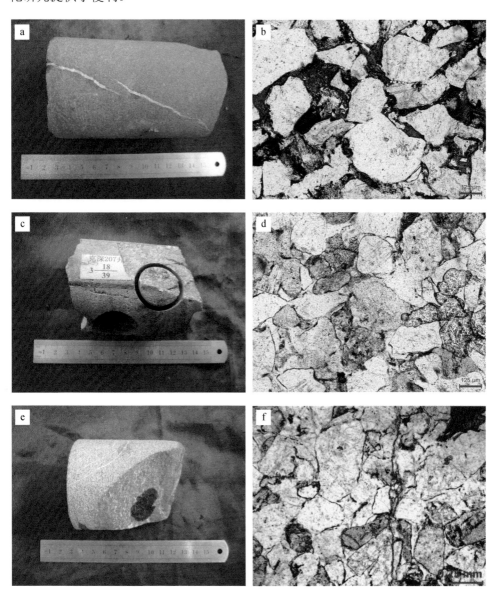

图 5.1　克深 207 井巴什基奇克组岩心裂缝及显微照片

a 和 b 的取心位置见图 5.2 中 C1 位置，c 和 d 的取心位置见图 5.2 中 C2 位置，e 和 f 的取心位置见图 5.2 中 C3 位置

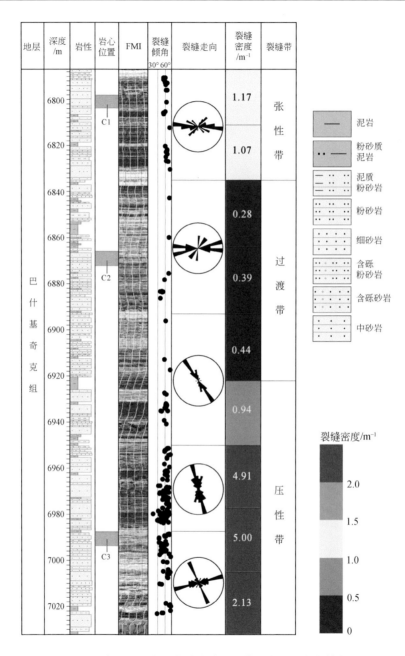

图 5.2　克深 207 井巴什基奇克组成像测井裂缝发育特征

　　巴什基奇克组上段的岩心，埋深为 6798 m，张裂缝发育，裂缝倾角为 78°，被方解石全充填，开度为 0.2～2 mm（图 5.1a）；显微薄片（取样位置：6803m）

显示岩石的孔隙度为 4.6%（图 5.1b），可见张性微裂缝，开度为 30～150 μm。巴什基奇克组下段的岩心，埋深 6990 m，剪裂缝发育，如图 5.1e 可见剪裂缝的倾角为 45°，并被方解石半充填，剪裂缝的开度为 0.2 mm（图 5.1e）；且显微薄片（取样位置：6994 m）显示岩石的孔隙度为 0.1%，可见剪性微裂缝切穿矿物颗粒，开度为 5～10 μm（图 5.1f）。而巴什基奇克组中段的岩心埋深为 6870 m，构造裂缝不发育（图 5.1c）；且显微薄片（取样位置：6875 m）显示未见微裂缝，岩石孔隙度为 1%，孔隙度相较于上段低、相较于下段高（图 5.1d）。

岩心的裂缝观测还局限于局部，我们进一步通过成像测井图像对克深 207 井的巴什基奇克组整段地层进行了裂缝解析。通过钻井成像测井资料识别构造裂缝，发现巴什基奇克组的构造裂缝走向优势方位主要分为上段的近东西向和下段的近南北向两组；裂缝倾角变化较大，但以中、高角度为主；裂缝密度分布范围较大，为 0.28～5.00 m^{-1}。但是单井的构造裂缝分析发现裂缝的走向、倾角和密度在垂向上也具有明显的分带特征。如图 5.2 为克深 207 井的 FMI（Formation Microscanner Image，微电阻扫描测井技术）成像测井资料构造裂缝解析结果，其中构造裂缝的解析范围为埋深 6787～7030 m。可以发现，巴什基奇克组岩层上段 6787～6835 m 范围内，裂缝的面密度较高，值的范围为 1.07～1.17 m^{-1}；裂缝倾角总体为高角度，主体在 60°以上；走向为近东西向。巴什基奇克组岩层中段 6835～6920 m 内，裂缝的面密度较小，值的范围为 0.28～0.44 m^{-1}，但裂缝走向开始从近东西向转为近南北向。巴什基奇克组岩层下段 6920～7030 m 范围内，构造裂缝的面密度升高，值的范围为 0.94～5.00 m^{-1}；倾角范围分布广泛，中低角度裂缝广泛发育；裂缝走向呈明显的近南北向，少量裂缝走向为近东西向。

结合岩心和显微薄片的裂缝观测，可以发现在克深 207 井中，巴什基奇克组的上段存在一个张性带，带内张裂缝发育，裂缝为近东西走向、高倾角、高裂缝密度；张性带之下存在一个过渡带，带内裂缝不发育，裂缝密度低，裂缝的走向开始转变为近南北向；再向岩层下段为压性带，带内剪裂缝发育，裂缝走向主要为近南北向，倾角变化大，中低角度裂缝发育。

克深 201 井是克深 2 断背斜内靠近高点的一个勘探井，克深 201 井的岩心和显微薄片观测也都显示构造裂缝的发育具有垂向分带性。克深 201 井的巴什基奇克组起始深度是 6492.5 m，井段岩性为一套褐色砂岩和砂泥互层。克深 201 井共取岩心 2 筒，第一筒为巴什基奇克组上段，深度为 6510～6515 m；第二筒岩心取自巴什基奇克组下段，深度为 6707～6710 m。如图 5.3 为克深 201 井观测的岩心和显微薄片，其中图 5.3a 为第一筒所取的岩心，埋深为 6512.7 m，岩性为褐色细砂岩，可见多组高角度张裂缝发育，裂缝倾角集中在 50°～85°之间，多被方解石全充填，开度在 0.1～1.5 mm 之间；图 5.3b 为岩心的显微薄片，薄片深度为 6510.78 m，岩性为中粒长石岩屑砂岩，可见张性微裂缝沿矿物颗粒边缘展布。巴什基奇克组下部岩心的埋藏深度为 6706.4 m，岩性为褐色泥质粉砂岩，可见剪裂缝发育，裂缝倾角为 60°，被石英半充填，开度为 0.1 mm（图 5.3c）；显微薄片的取样深度为 6707.92 m，岩性为中细粒长石岩屑砂岩，可见岩石孔隙欠发育（图 5.3d）。

图 5.3　克深 201 井巴什基奇克组岩心裂缝及显微照片

a 和 b 的取心位置见图 5.4 中 C1 位置，c 和 d 的取心位置见图 5.4 中 C2 位置

　　通过克深 201 井的成像测井构造裂缝解析获得了该井的裂缝倾角、裂缝走向和裂缝密度（图 5.4），裂缝解析的范围为 6492.5～6792 m。结果显示构造裂缝走向优势方位为近东西向和北北西向两组，裂缝密度值变化较大，范围为 0.14～2.41 m^{-1}。在巴什基奇克组上段 6492.5～6640 m 之间，裂缝走向以近东西向为主；裂缝密度高，值的范围为 0.80～2.41 m^{-1}；裂缝倾角变化，但总体为中高角度。在巴什基奇克组中段 6640～6760 m 之间，裂缝发育不多，裂缝走向主要为北北西向，与岩层上段的走向明显不同，裂缝走向开始从近东西向向北北西向转变；裂缝的面密度小，值的范围为 0.04～0.19 m^{-1}，远小于巴什基奇克组上段的裂缝密度。巴什基奇克组下段 6760～6792 m 范围内，构造裂缝的面密度变大，值为 1.14 m^{-1}；

倾角范围变化很大，但中低角度裂缝占比较大；裂缝走向呈北西向。

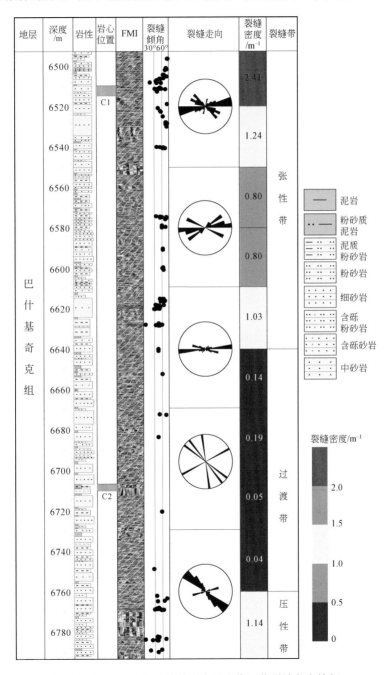

图 5.4 克深 201 井巴什基奇克组成像测井裂缝发育特征

　　综合岩心和显微薄片裂缝观测，可以发现在克深 201 井中，巴什基奇克组的上段存在一个张性带，带内发育张裂缝，裂缝走向为近东西向，倾角为中高角度，裂缝密度高；张性带之下存在一个裂缝不发育段，裂缝的走向开始转变为近南北向，为过渡带；再向下在该组地层下段发育一个压性带，带内发育剪裂缝，裂缝走向为北北西向，倾角变化大，中低角度裂缝发育。

　　克深 202 井巴什基奇克组深度起始于 6699.5 m，岩性为一套砂泥岩。克深 202 井共取岩心 2 筒，取样位置均为巴什基奇克组上段，取样深度相差不大，其中第一筒的埋藏深度为 6765～6769.5 m（图 5.5 的 C1 位置），第二筒岩心的取样深度为 6797～6800 m（图 5.5 的 C2 位置）。在第一筒岩心中，岩石的岩性为褐色细砂岩（取样位置为 6765.3 m），可见高角度张裂缝发育，裂缝倾角近直立，集中在 75°～90° 之间，多被方解石全充填，开度在 0.1～0.6 mm 之间（图 5.5）；岩心的显微薄片（取样深度为 6765.05 m），表明岩性为中细粒长石岩屑砂岩，可见岩石孔隙发育（图 5.5）。第二筒岩心的岩性为褐色中砂岩（取样深度为 6800.1 m），可见高角度裂缝发育，裂缝倾角集中在 85° 左右，被方解石全充填，开度可达 1.5 mm（图 5.5）；显微薄片的岩性为中细粒长石岩屑砂岩（取样深度为 6797.04 m），可见岩石孔隙较发育（图 5.5）。通过岩心和显微薄片可以发现，克深 202 井巴什基奇克组上段的构造裂缝主要发育高角度甚至近直立的张裂缝，岩石的孔隙发育。

　　克深 202 井的成像测井构造裂缝解析的范围为 6699.5～6920 m，由于成像测井资料的限制，裂缝解析未覆盖全井段，在巴什基奇克组下段 6920 m 以下的地层中，构造裂缝未能解析。结果显示构造裂缝走向优势方位为近东西向和近南北向两组，裂缝密度值变化较大，范围在 0.03～2.19 m^{-1} 之间。在巴什基奇克组上段 6699.5～6820 m 之间，裂缝走向以近东西向为主；裂缝密度高，值的范围为 1.31～2.19 m^{-1}；裂缝倾角以中高角度为主。在 6820～6920 m 的巴什基奇克组中段地层，裂缝发育不多，裂缝密度小，密度值在 0.03～0.49 m^{-1} 之间，远小于巴什基奇克组上段的裂缝密度；裂缝走向有近东西向和近南北向两组，以近南北向居多，显示出巴什基奇克组下段与上段的裂缝走向不同，裂缝走向开始从近东西向转为近南北向。

　　结合岩心和显微薄片可以发现，在克深 202 井中，巴什基奇克组的上段存在一个张性带，带内近东西走向、高倾角的张裂缝发育，裂缝的密度值大；张性带下段的裂缝走向开始转变为近南北向，裂缝不发育，存在一个过渡带。

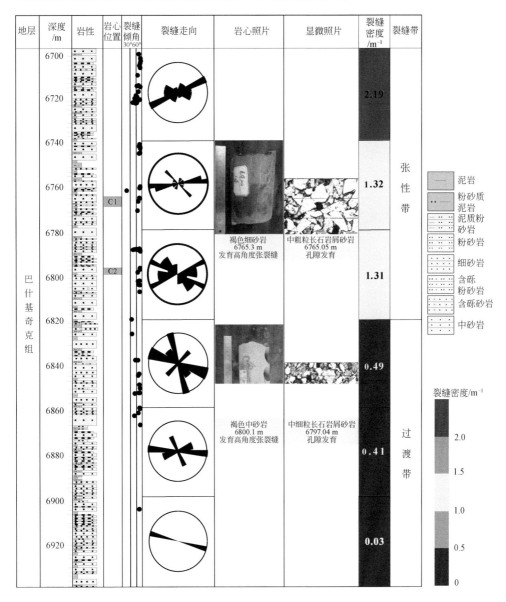

图 5.5　克深 202 井巴什基奇克组构造裂缝发育特征

　　克深 205 井巴什基奇克组的深度为 6888～7197.5 m，全长 309.5 m。岩心共 2 筒，取样位置分别为巴什基奇克组上段和中段，其中第一筒岩心的埋藏深度为 6931.0～6934.78 m（图 5.6 中的 C1 位置），第二筒岩心的埋藏深度为 7090.8～7094.4 m（图 5.6 中的 C2 位置）。在第一筒岩心中，岩石的岩性为褐色细砂岩

（取样位置为 6931.3 m 和 6934.0 m），可见高角度张裂缝或张剪缝发育，裂缝倾角近直立，裂缝倾角集中在 85°左右，多被方解石全充填，开度较小，在 0.1～0.5 mm 之间（图 5.6）；岩心的显微薄片（取样深度为 6931.07 m）表明，岩性为中细粒岩屑长石砂岩，可见岩石中孔隙发育（图 5.6）。第二筒岩心的岩性与第一筒一致，为褐色细砂岩（取样深度为 6934.0 m），可见高角度张剪缝发育，裂缝倾角在 80°～85°，被方解石半充填，开度 0.2 mm 左右（图 5.6）。通过岩心和显微薄片可以发现，克深 205 井巴什基奇克组中上段的构造裂缝主要发育高角度甚至近直立的张裂缝或张剪缝，岩石的孔隙发育。

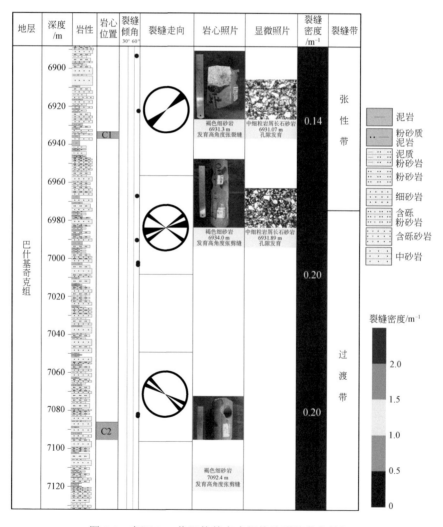

图 5.6　克深 205 井巴什基奇克组构造裂缝发育特征

克深 205 井的成像测井构造裂缝解析的范围为 6888～7120 m，巴什基奇克组下段 7120 m 以下的地层，构造裂缝未解析。结果显示克深 205 井全井段的巴什基奇克组构造裂缝发育较少，裂缝密度范围在 0.14～0.2 m^{-1}，构造裂缝走向包含近东西向和北西向两组。由于裂缝的发育程度较低，构造裂缝的垂向变化不是特别明显，但是从图 5.6 可以看出在巴什基奇克组上段 6888～6980 m 之间的裂缝走向为近东西向（北东东向），在 6980 m 之后裂缝走向开始发育北西向的构造裂缝。

结合岩心和显微薄片，可以发现在克深 205 井中巴什基奇克组上段存在张性带，主要发育近东西方向（北西向）的高角度张裂缝，而在该组地层下段裂缝的走向开始发生转变，存在一个过渡带。

克深 501 井位于克深 5 断背斜近高点位置，巴什基奇克组深度起始于 6352 m，岩性为一套砂岩和泥岩互层。克深 501 井共取岩心 3 筒，第一筒岩心的取样深度为 6354～6370 m（图 5.7 的 C1 位置），第二筒岩心的取样深度为 6416.5～6425 m（图 5.7 的 C2 位置），第三筒岩心的取样深度为 6500～6508.5 m（图 5.7 的 C3 位置）。第一筒岩心中，岩石的岩性为褐色细砂岩和中砂岩，在褐色中砂岩中可见高角度张裂缝和张剪缝发育（取样位置为 6359 m），裂缝倾角以中高角度为主，集中在 50°～80°之间，多被方解石全充填，开度在 0.1～1.0 mm 之间（图 5.7）；岩心的显微薄片（取样深度为 6358.23 m），表明岩性为不等粒长石岩屑砂岩，可见岩石中发育张性微裂缝，且岩石的孔隙度高，可高达 8%（图 5.7）。第二筒岩心中可见高角度张剪缝发育（取样深度为 6419.1 m），裂缝倾角集中在 60°～70°，被方解石全充填或半充填，开度可达 3 mm；在第三筒岩心中，岩性为褐色细砂岩（取样位置 6505.3 m），可见发育两条平行排列的低角度剪裂缝，剪裂缝断面平直，该岩心段的剪裂缝倾角集中在 10°～45°之间，多被方解石全充填或半充填，剪裂缝开度可达 3 mm；此外，在显微薄片中可见岩石内发育一条半充填的剪性微裂缝，切穿矿物颗粒，且岩石的孔隙不发育，孔隙度为 0.7%（取样深度为 6506.55 m）（图 5.7）。

克深 501 井的成像测井构造裂缝解析了克深 501 的全井段，范围为 6352～6606 m，总长 254 m。结果显示构造裂缝走向优势方位为近东西向，裂缝密度值变化不大但总体数值较大，范围在 1.02～1.59 m^{-1} 之间。在巴什基奇克组上段 6352～6450 m 之间，裂缝走向以近东西向为主；裂缝密度在整个井段里较高，可达最大值 1.59 m^{-1}。在 6450～6606 m 的巴什基奇克组地层，裂缝走向为近东西向，倾角也主要为中高角度，其裂缝密度值分布在 1.06～1.37 m^{-1}，整体稍微小于巴什基奇克组上部的裂缝密度。

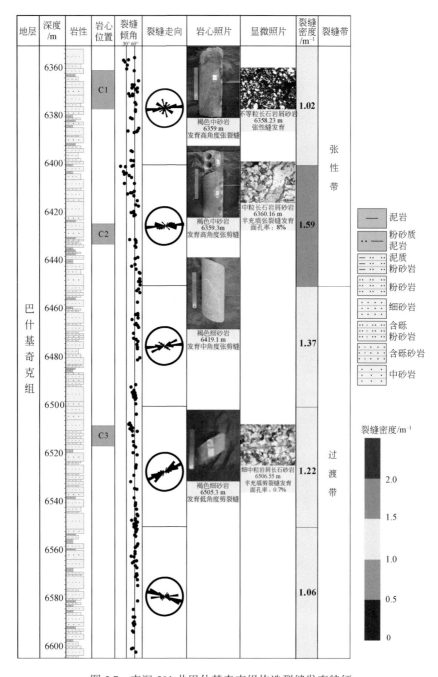

图 5.7 克深 501 井巴什基奇克组构造裂缝发育特征

结合岩心和显微薄片可以发现，在克深 501 井中，巴什基奇克组的上段发育近东西走向、中高倾角的张裂缝，裂缝的密度值大，存在一个张性带；张性带下段的裂缝相比于张性带较不发育，发育东西走向的剪裂缝，为过渡带。

克深 503 井的巴什基奇克组深度起始于 6844 m，岩心共 2 筒，两筒岩心分别分布在巴什基奇克组的上段和下段，其中第一筒岩心的取样深度为 6892.5～6910 m（图 5.8 的 C1 位置），第二筒岩心的取样深度为 7045～7048 m（图 5.8 的 C2 位置）。在第一筒岩心中，岩石的岩性为褐色细砂岩，可见高角度张裂缝和张剪缝发育（取样位置为 6900.6 m），裂缝倾角以中高角度为主，多被方解石全充填和半充填，开度在 0.2～1.0 mm（图 5.8）；岩心的显微薄片（取样深度为 6897.63 m）显示岩石的岩性为极细粒粉砂岩，岩石的孔隙度不高，但半充填的张性微裂缝发育（图 5.8）。在第二筒岩心中，岩石为褐色细砂岩，岩石中可见低角度的剪裂缝发育（取样深度为 7046.8 m），剪裂缝多未被充填或被方解石半充填（图 5.8）。

克深 503 井的成像测井构造裂缝解析范围为 6844～7070 m，总长 226 m，基本覆盖了克深 503 的全井段。结果显示构造裂缝走向的优势方位为近东西向，全井段的裂缝走向垂向上变化不大，裂缝的倾角总体为中高角度，全井段的构造裂缝倾角垂向上也变化不大，裂缝密度值范围在 0.11～1.03 m^{-1} 之间，垂向上总体变化较大（图 5.8）。可以发现在巴什基奇克组上段 6844～6910 m 之间，裂缝走向以近东西向为主，倾角主要为中高角度；裂缝密度在整个井段里较高，密度值为 0.81～1.03 m^{-1}（图 5.8）。在 6910～7070 m 的巴什基奇克组地层，裂缝走向为近东西向，倾角也主要为中高角度，但其裂缝密度值分布在 0.11～0.64 m^{-1}，裂缝密度整体远小于巴什基奇克组上段的裂缝密度（图 5.8）。

综合克深 503 井的岩心和显微薄片可以发现，在克深 503 井中，巴什基奇克组的上段存在一个张性带，张性带内发育近东西走向、中高倾角的张裂缝，裂缝的密度值大；张性带下段的裂缝相比于张性带不发育，发育东西走向的剪裂缝，为过渡带。

克深 601 井位于克深 6 断背斜的西翼，井内巴什基奇克组深度起始于 6024 m，共取岩心 2 筒，其中第一筒岩心的取样深度为 6080～6098 m（图 5.9 中的 C1 位置），第二筒岩心的取样深度为 6146～6154 m（图 5.9 中的 C2 位置）。第一筒岩心内岩性主要为褐色中砂岩和细砂岩，可见岩石内发育高角度的张裂缝（如图 5.9，取样深度为 6084.2 m，裂缝倾角 85°），裂缝倾角集中在 50°～85°之间，多被方解石全充填或半充填，开度可达 3 mm；岩心的显微薄片显示岩性为中粒岩屑长石砂岩（取样深度为 6092.9 m），可见岩石内孔隙发育。第二筒岩心的岩性主要为褐色粗砂岩，可见高角度、近直立的张裂缝发育（如图 5.9，取样深度为 6155.9 m），被方解石半充填和全充填，开度可达 2 mm；此外，第二筒岩心的显微薄片显示岩石内孔隙较发育（取样深度为 6157.8 m）。通过岩心和显微薄片的观测可以发现，克深601井巴什基奇克组内高角度甚至近直立的张裂缝发育，岩石的孔隙也较发育。

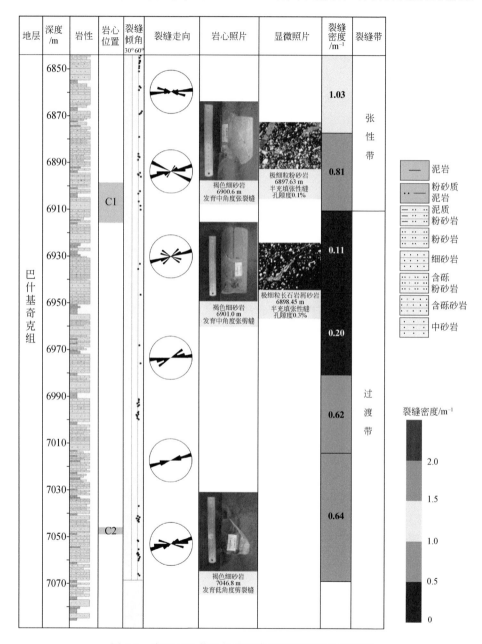

图 5.8　克深 503 井巴什基奇克组构造裂缝发育特征

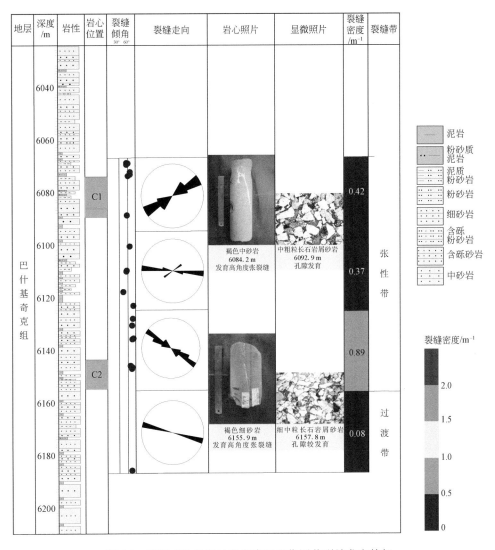

图 5.9　克深 601 井巴什基奇克组成像测井裂缝发育特征

克深 601 井的成像测井构造裂缝解析范围为 6067～6187 m，总长约 120 m。结果显示克深 601 井构造裂缝走向的优势方位为近东西向一组，裂缝密度值变化不大，范围在 0.09～0.88 m^{-1} 之间。在巴什基奇克组上段 6067～6155 m 之间，裂缝走向为近东西向；裂缝密度值的范围为 0.37～0.88 m^{-1}，井段的裂缝密度最大值也分布在该层段，裂缝倾角以中高角度为主。在巴什基奇克组 6155～6187 m 的一段层位内，裂缝几乎不发育，仅发育一条近东西走向的高角度裂缝，裂缝密度值小，为 0.09 m^{-1}，远小于巴什基奇克组 6155 m 之上的裂缝密度。

综合岩心和显微薄片裂缝观测，可以发现在克深601井中，巴什基奇克组的上段存在一个张性带，带内发育张裂缝，裂缝走向主要为近东西向，倾角主要为高角度，裂缝密度相对下部地层较高；张性带下部的地层存在一个过渡带，带内裂缝不发育。由于克深601井内巴什基奇克组成像测井资料的限制，未对巴什基奇克组下段裂缝解析，过渡带的裂缝发育特征并不全面。

克深8003井位于克深8断背斜的西翼，巴什基奇克组并未钻穿，钻穿的巴什基奇克组的深度范围为6747～6934 m，全长约187 m。共取岩心1筒，取样位置为巴什基奇克组上段，埋藏深度为6775～6783 m（图5.10中的C1位置）。岩心中，岩石的岩性主要为褐色细砂岩和中砂岩，可见中高角度的张裂缝和张剪缝发育，如在6777.3 m处的褐色中砂岩内发育高角度的张裂缝，裂缝的倾角为80°，石膏全充填；在6778.0 m处的褐色细砂岩内发育中角度的张剪缝，裂缝的倾角为55°，石膏全充填（图5.10）。在深度为6775.05 m和6778.9 m处岩心的显微薄片中都可以发现岩石内的孔隙比较发育（图5.10）。通过岩心和显微薄片可以发现，克深8003井巴什基奇克组的构造裂缝主要发育中高角度的张裂缝或张剪缝，岩石的孔隙比较发育。

克深8003井的成像测井构造裂缝解析的范围为6740～6922 m，总长为182 m，几乎覆盖了钻穿巴什基奇克组的全井段地层。裂缝解析结果显示，在克深8003井钻穿的巴什基奇克组内，构造裂缝的走向主要为近东西向，垂向上走向变化不大；裂缝倾角主要为高角度，垂向上变化不大；裂缝密度范围在0.44～1.62 m^{-1}，裂缝密度垂向变化相对明显（图5.10）。在巴什基奇克组6747～6890 m之间，裂缝走向以近东西向为主，裂缝倾角为高角度，裂缝密度值为0.75～1.62 m^{-1}，远大于6890 m之下的地层裂缝密度（0.44 m^{-1}）。

结合岩心和显微薄片，可以发现在克深8003井中巴什基奇克组上段存在一个张性带，主要发育近东西走向的高角度张裂缝，裂缝密度高，而该组地层下段的裂缝密度远小于上段的裂缝密度，为过渡带。由于克深8003井内巴什基奇克组并未钻穿，过渡带内的裂缝发育特征并不全面。

克深807井位于克深8断背斜的西翼，远离克深8的构造高点，巴什基奇克组的深度起始于6985 m，全长约145 m，地层并未钻穿。共取岩心1筒，取样位置为巴什基奇克组上段，埋藏深度为7024～7030 m（图5.11中的C1位置）。岩心中，岩石的岩性主要为褐色中砂岩，可见低角度的剪裂缝发育，如在7028.7 m处的褐色中砂岩内发育低角度的剪裂缝，裂缝的倾角为10°，石膏半充填；在7028.8 m处的褐色中砂岩内发育低角度的剪裂缝，裂缝的倾角为25°，石膏半充填（图5.11）。在深度为7025.8 m和7027.8 m处岩心的显微薄片中都可以发现岩石内的孔隙比较发育（图5.11）。通过岩心和显微薄片可以发现，克深 807 井巴什基奇克组的构造裂缝主要是低角度的剪裂缝。

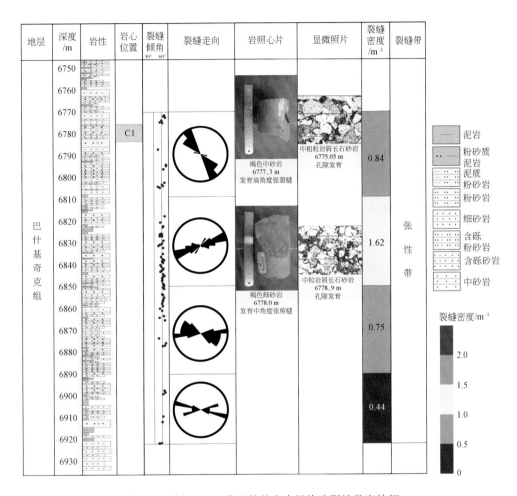

图 5.10   克深 8003 井巴什基奇克组构造裂缝发育特征

克深 807 井的成像测井构造裂缝解析的范围为 6985～7122 m，总长为 137 m。结果显示，在克深 807 井钻穿的巴什基奇克组内，构造裂缝在走向上优势方位为近南北向，且垂向上变化不大；裂缝倾角变化较大，主要为中低角度，垂向上变化不大；裂缝密度范围在 0.11～0.64 m^{-1}，裂缝密度在垂向上总体也变化不大（图 5.11）。可以发现，在克深 807 井巴什基奇克组 6985～7122 m 地层内，裂缝走向以近南北向为主，裂缝倾角为中低角度，裂缝密度值低。

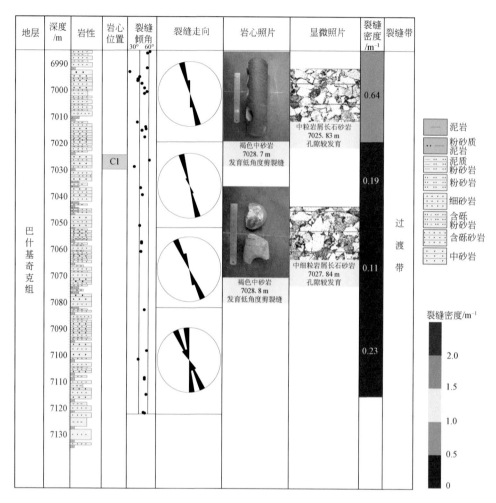

图 5.11　克深 807 井巴什基奇克组构造裂缝发育特征

　　结合岩心和显微薄片，可以发现在克深 807 井中巴什基奇克组发育剪裂缝，倾角主要为中、低角度，裂缝密度小，总体为过渡带。值得注意的是，克深 807 井与前文所述的勘探井都不同，在巴什基奇克组顶部没有一段近东西走向、高倾角的、裂缝密度大的张裂缝发育段，即没有张性带的存在，这可能与克深 807 井远离构造高点有关系，裂缝带的影响因素后面章节会详细探讨。

　　克深 904 井位于克深 9 断背斜的西南翼，巴什基奇克组深度起始于 7711 m，钻穿总长约 190 m。克深 904 井内共取岩心 2 筒，第一筒岩心的取样深度为 7724～7741 m（图 5.12 的 C1 位置），第二筒岩心的取样深度为 7849～7856.2 m（图 5.12 的

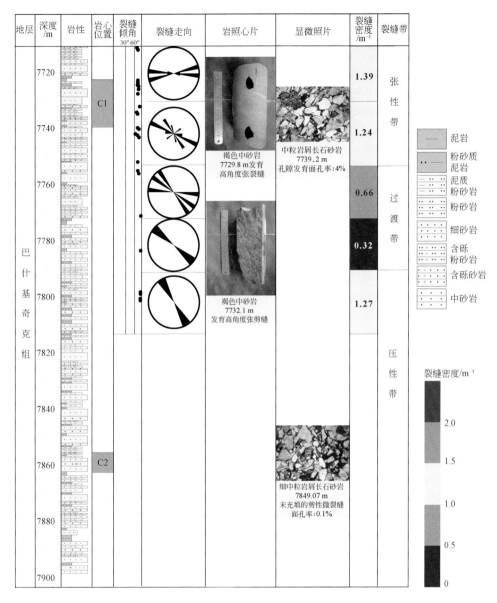

图 5.12 克深 904 井巴什基奇克组构造裂缝发育特征

C2 位置），其中第二筒岩心破碎严重。第一筒岩心中，褐色中砂岩中可见高角度
张裂缝（取样位置为 7729.8 m）和张剪缝发育（取样位置为 7732.1 m），裂缝倾
角以高角度为主，甚至直立缝，多被石膏半充填或未充填，开度在 0.1～0.4 mm
之间（图 5.12）；岩心的显微薄片可见岩石的孔隙较发育，孔隙度为 4%（图 5.12，

取样深度为 7729.8 m），第二筒岩心的显微薄片中可见岩石内发育一条未充填的剪性微裂缝，剪性微裂缝切穿矿物颗粒，且岩石的孔隙不发育，孔隙度为 0.1%（取样深度为 7849.07 m）（图 5.12）。

克深 904 井的成像测井构造裂缝解析范围为 7711~7813 m，总长 102 m。结果显示构造裂缝走向优势方位为近东西向和近南北向（北北西向）两组，裂缝走向垂向变化比较明显；裂缝倾角主要为高角度，垂向上变化不明显；裂缝的密度值范围在 0.32~1.39 m^{-1} 之间，垂向上变化大。在巴什基奇克组上段 7711~7750 m之间，裂缝走向以近东西向为主，裂缝密度在该段里较高，值在 1.0 m^{-1} 之上；在 7750~7790 m 的巴什基奇克组地层，裂缝走向开始不同于上段的近东西向，开始向近南北向转变，裂缝密度值低，范围为 0.32~0.66 m^{-1}，整体小于巴什基奇克组上段的裂缝密度；在巴什基奇克组 7790~7813 m 的地层内，裂缝走向转变为近南北向，裂缝密度变高，达到 1.27 m^{-1}。

结合克深 904 井的岩心和显微薄片，可以发现在克深 904 井中，巴什基奇克组的上段发育近东西走向、高倾角的张裂缝，裂缝的密度值大，存在一个张性带；张性带之下井段的裂缝相比于张性带不发育，裂缝密度低，裂缝走向开始转变，为过渡带；在过渡带下面，又存在一个压性带，带内发育剪裂缝，裂缝密度高，走向近南北向。

通过对库车拗陷克拉苏构造带盐下取心井的裂缝分析，综合岩心、显微薄片和 FMI 成像测井的构造裂缝发育特征，发现盐下巴什基奇克组的裂缝发育程度和分布具有垂向分带性，在垂向上可以划分为三个裂缝带，由上向下分别为张性带、过渡带和压性带。每个带的裂缝发育特征如下：

（1）张性带：张裂缝发育，裂缝的面密度相对最高，裂缝倾角为高角度，裂缝走向为近东西向。

（2）过渡带：构造裂缝不发育，裂缝的面密度相对最低，裂缝走向开始由近东西向转变为近南北向。

（3）压性带：剪裂缝发育，裂缝的面密度相对较高，裂缝倾角变化大，中低角度发育，裂缝走向以近南北向为主、东西向为辅。

5.2 裂缝分带性的连井剖面分析

单井构造裂缝发育特征分析无法展示各钻井之间的联系，难以对构造带内各钻井的裂缝发育特征进行横向对比、进而难以研究断背斜内构造裂缝的垂向发育特征和规律。因此，本节将对研究区内同一断背斜内的各钻井裂缝发育特征进行连井剖面对比，对构造裂缝发育特征的联井分布规律进行分析。连井剖面构造裂缝的发育特征可以揭示不同构造位置（枢纽或翼部）、不同翼间角（平缓或开阔褶皱）、不同变形程度（断层发育与断层不发育）的断背斜的裂缝发育特征变化，总结出断背斜的变形差异性对裂缝发育程度的影响。对钻井的裂缝带厚度进行对比分析时，首先明确钻井在断背斜中具体的构造位置，钻井的高低位置也与埋藏深度相对应，且确保连井剖面保持各钻井深度的比例一致。将钻井的各个裂缝带相连，可以展现出裂缝带的横向分布起伏特征，这有利于对该断背斜中裂缝带的整体展布规律进行归纳分析。

研究区由于勘探井多分布在背斜的转折端、枢纽部位，且同一构造勘探井的数量有限，这并不利于不同构造位置的连井剖面对比。克深 2、克深 5、克深 6 和克深 8 这四个构造内的探井较多且分布在不同的构造位置，适合开展连井剖面对比分析。

首先我们分析克深 2 构造，该构造为一个断背斜，翼间角为 140°～150°，为平缓断背斜。如图 5.13a 所示，连井剖面自南翼向北翼依次为克深 202 井、克深 207 井、克深 208 井和克深 201 井。其中克深 202 井位于断背斜的北翼；克深 207 井位于断背斜的南翼，且靠近小断层，克深 208 井位于断背斜的枢纽西翼，克深 201 井位于枢纽上的转折端高点。

通过单井构造裂缝发育特征分析，各单井的裂缝发育特征在垂向上可以划分出三个带：张性带、过渡带和压性带。克深 201 井的张性带厚度为 148 m，过渡带厚度为 270 m，压性带由于未钻穿而厚度未知；克深 202 井的张性带厚度为 120 m，过渡带厚度为 220 m，压性带由于未钻穿未获得厚度；克深 207 井的张性带厚度为 50 m，过渡带厚度为 140 m，压性带由于未钻穿而厚度未知；克深 208 井的张性带厚度为 98 m，过渡带厚度为 200 m，压性带由于未钻穿而厚度未知。克深 2 的连井剖面对比可以发现，张性带和过渡带在转折端的厚度最大，向南翼和北翼的厚度逐渐减小，如断背斜转折端的克深 201 井与南翼的克深 207 井和北翼的克深 202 井，张性带的厚度由克深 201 井的 148 m，至南翼克深 207 井厚度变为 50 m，至北翼克深 202 井厚度变为 120 m；过渡带的厚度由克深 201 井的 270 m，至南翼克深 207 井厚度变为 140 m，至北翼克深 202 井厚度变为 220 m。对于同在褶皱轴部的克深 201 井和克深 208 井，张性带厚度由高点克深 201 井的 148 m 减小为西翼克深 208 井的 98 m，过渡带厚度由高点克深 201 井的 270 m 减小为西翼克深 208 井的 200 m（图 5.13b）。这些结果都指示各裂缝带的厚度与褶皱的不同构造位置有很大关系。此外，张性带内的裂缝密度也与不同的构造位置有关，如转折端高点的克深 201 井的张性带裂缝密度总体上要大于南翼克深 207 井和北翼克深 202 井（图 5.13b）。另外，克深 207 井邻近于断背斜内部的小型逆断层，克深 207 井的压性带剪裂缝密度值很大，可高达 5.0 m^{-1}（图 5.13b），相比于远离断层的井来说，裂缝密度要大得多，说明断层周围的裂缝密度较远离断层的要高。

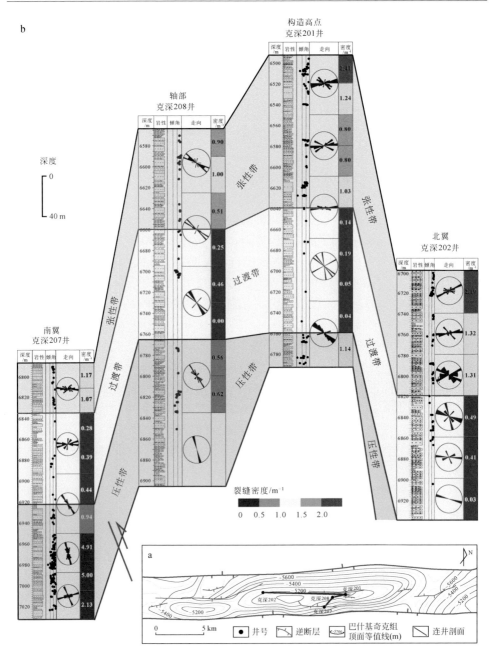

图 5.13　克深 207 井—克深 208 井—克深 201 井—克深 202 井连井剖面位置示意图（a）及克深
207 井—克深 208 井—克深 201 井—克深 202 井裂缝带对比（b）

倾角的三分线分别为30°、60°和90°，下同

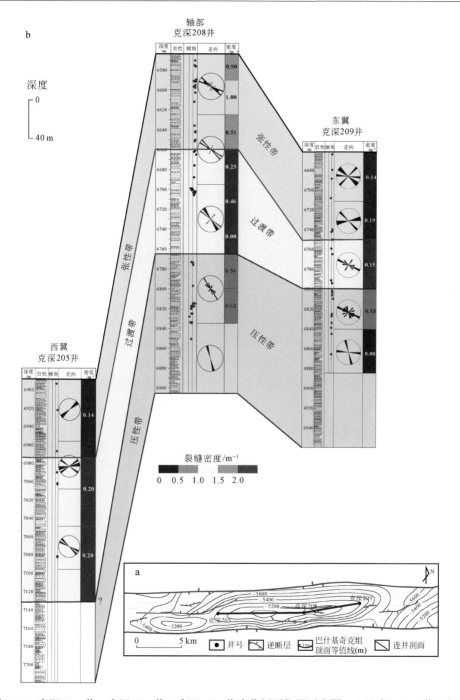

图 5.14 克深 205 井—克深 208 井—克深 209 井连井剖面位置示意图（a）及克深 205 井—克深 208 井—克深 209 井裂缝带对比（b）

图5.14为克深2断背斜的第二条连井剖面,连井剖面自西向东依次为克深205井、克深208井和克深209井,连井剖面位置如图5.14a所示。其中克深205井位于断背斜的西翼,近枢纽,远离高点;克深208井位于断背斜的枢纽西翼,较靠近高点;克深209井位于断背斜的枢纽东翼,远离高点。

通过单井构造裂缝发育特征分析,划分出单井的裂缝分带。克深205井的张性带厚度为86 m,过渡带厚度由于裂缝发育特征较少难以确定;克深208井的张性带厚度为98 m,过渡带厚度为200 m,压性带由于未钻穿而厚度未知;克深209井的张性带厚度为88 m,过渡带厚度为138 m。连井剖面对比可以发现,总体上张性带在靠近高点的区域厚度最大,而远离高点的东西两翼的张性带厚度逐渐减小,如断背斜靠近高点克深208井的张性带厚度为95 m,向东翼的克深209井张性带厚度变为88 m,向西北翼的克深205井厚度变为86 m,但可以发现枢纽上的这三口井的张性带厚度差别不明显(图5.14b)。结果表明张性裂缝带的厚度与褶皱的不同构造位置存在很大关系,断背斜枢纽上的张性裂缝带厚度由高点向东西两翼减小,但差别不大。此外,可以发现在邻近高点的克深208井,张性带内的裂缝密度总体上要高于远离高点的东西两翼(图5.14b),裂缝密度也具有向两翼逐渐减小的特征。

克深5断背斜的翼间角为140°～150°,为平缓断背斜。如图5.15a所示,连井剖面自西向东依次为克深501井、克深503井和克深504井。其中克深501井位于断背斜的南翼,邻近构造高点;克深503井位于断背斜的南翼,远离构造高点;克深504井位于断背斜的东翼,邻近构造高点。

通过单井构造裂缝发育特征分析,同样可以在垂向上划分出三个裂缝带。克深501井的张性带厚度为100 m,过渡带未钻穿,可划出厚度为250 m;克深503井的张性带厚度为66 m,过渡带未钻穿,可划出厚度为226 m;克深504井的张性带厚度为113 m,过渡带厚度为190 m,压性带的厚度由于未钻穿不能确定。通过克深5构造的连井剖面可以分析张性带的分布规律,连井剖面对比可以发现,总体上张性带在转折端,尤其是靠近高点的区域厚度最大,向远离高点的南北翼厚度逐渐减小,如断背斜靠近构造高点克深501井的张性带厚度为100 m和克深504井的张性带厚度为113 m,向南翼远离高点的克深503井张性带厚度变为66 m(图5.15b)。裂缝带的厚度与褶皱的构造位置的关系与克深2断背斜的规律一致。此外,可以发现同在断背斜的南翼,邻近高点的克深501井,张性带内的裂缝密度总体上要高于远离高点的克深503井(图5.15b),裂缝密度也具有向南北两翼逐渐减小的特征。

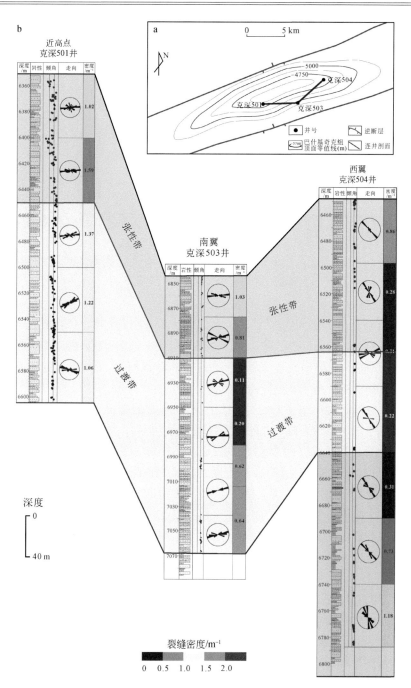

图 5.15 克深 501 井—克深 503 井—克深 504 井连井剖面位置示意图（a）及克深 501 井—克深
503 井—克深 504 井裂缝带对比（b）

克深 6 断背斜的翼间角为 110°～130°，为开阔断背斜。如图 5.16a 所示，连井剖面自西向东依次为克深 601 井、克深 602 井和克深 6 井。其中克深 601 井位于断背斜的西翼，远离构造高点；克深 602 井位于断背斜的西翼，远离构造高点；克深 6 井位于断背斜邻近构造高点的位置。

通过单井构造裂缝发育特征分析，克深 601 井的裂缝发育特征在垂向上也可以划分出三个带。克深 601 井的张性带厚度为 131 m，过渡带由于未钻穿厚度不能确定；克深 602 井的张性带厚度为 149 m，过渡带厚度由于未钻穿不能确定；克深 6 井的张性带厚度为 176 m，过渡带厚度由于未钻穿不能确定。通过克深 6 构造的连井剖面对比可以发现（图 5.16b），总体上张性带在靠近高点的区域厚度最大，向远离高点的东西两翼厚度逐渐减小，如断背斜靠近高点克深 6 井的张性带厚度为 176 m，向西翼的克深 602 井张性带厚度变为 149 m，再向西翼的克深 601 井厚度变为 131 m。此外，可以发现在断背斜内邻近高点的克深 6 井，张性带内的裂缝密度总体上要高于远离高点的克深 601 井和克深 602 井（图 5.16b），裂缝密度也具有向两翼逐渐减小的特征。

克深 8 断背斜的翼间角为 120°～140°，为平缓断背斜。如图 5.17a 所示，连井剖面自西向东依次为克深 8004 井、克深 8 井和克深 8003 井。其中克深 8004 井位于断背斜枢纽上，偏西翼；克深 8 井位于断背斜枢纽，近构造高点；克深 8003 井位于断背斜枢纽，偏东翼。

通过单井构造裂缝发育特征分析，克深 8004 井的裂缝发育特征在垂向上也可以划分出三个带。克深 8004 井的张性带厚度为 148 m，过渡带由于未钻穿厚度不能确定；克深 8 井的张性带厚度为 162 m，过渡带厚度由于未钻穿不能确定；克深 8003 井的张性带厚度为 173 m，过渡带厚度由于未钻穿不能确定。通过克深 6 构造的连井剖面对比可以发现（图 5.17b），总体上枢纽上的张性带厚度都较大，且相差不大，但可以看出张性带的厚度由近高点的克深 8 井向克深 8004 井减小。此外，可以发现在断背斜内邻近高点的克深 8 井，张性带内的裂缝密度远高于枢纽上远离高点的克深 8003 井和克深 8004 井（图 5.17b），裂缝密度具有向两翼逐渐减小的特征。

通过前面对克深 2 断背斜、克深 5 断背斜、克深 6 断背斜和克深 8 断背斜的裂缝带连井剖面的对比分析，可以发现在断背斜内张性带和过渡带的发育厚度明显受构造部位的影响，张性带和过渡带的厚度由转折端高点向南北两翼减小；在枢纽上，张性带和过渡带的厚度总体差别不大；张性带的裂缝密度由转折端高点向南北两翼和东西两翼减小。此外，断层对压性带内的剪裂缝发育有很大影响，靠近断层的压性带裂缝密度要远大于远离断层的压性带裂缝密度。构造部位是影响裂缝发育特征分带性的重要因素。

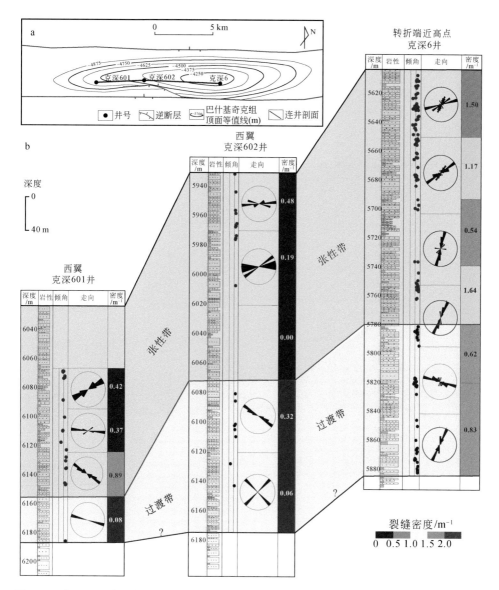

图 5.16　克深 601 井—克深 602 井—克深 6 井连井剖面位置示意图（a）及克深 601 井—克深 602 井—克深 6 井裂缝带对比（b）

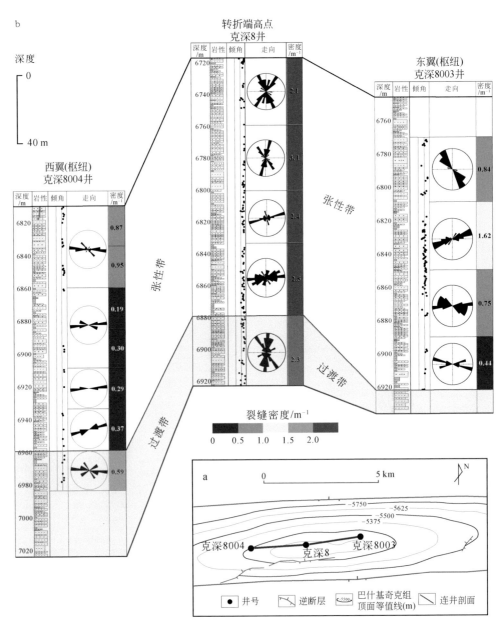

图 5.17 克深 8003 井—克深 8 井—克深 8004 井连井剖面位置示意图（a）及克深 8003 井—克深 8 井—克深 8004 井裂缝带对比（b）

另外，通过对比不同断背斜构造样式的裂缝带厚度，可以发现，克深 2 断背斜的构造样式为平缓断背斜，翼间角为 140°～150°，其张性带的厚度分布范围为 50～150 m；克深 5 的构造样式为平缓断背斜，翼间角为 140°～150°，其张性带的厚度集中分布在 60～115 m；克深 6 断背斜的构造样式为开阔断背斜，翼间角为 110°～130°，其张性带的厚度分布在 130～180 m 之间；克深 8 断背斜的构造样式为平缓断背斜，翼间角为 120°～140°，其张性带的厚度集中分布在 140～180 m 之间。不同构造样式断背斜的张性带厚度也存在差异，总体上具有翼间角小而张性带厚度大的特征。可见翼间角也是影响裂缝发育带厚度的重要因素。

综上所述，裂缝发育特征及其发育程度与所处构造部位和翼间角有密切的关系。

5.3　盐下断背斜构造的裂缝垂向分带模式

本章以库车拗陷克拉苏构造带盐下断背斜为对象，通过岩心、显微薄片和成像测井资料进行构造裂缝解析，分析了库车拗陷盐下断背斜的构造裂缝发育特征及分布规律，发现断背斜内同褶皱期构造裂缝的发育具有垂向分带性的特征。结合前面的研究，本节提出了库车拗陷盐下断背斜内同褶皱期裂缝的发育模式（图 5.18）。

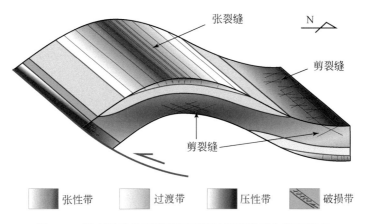

图 5.18　库车拗陷盐下断背斜同褶皱期裂缝垂向发育模式

盐下断背斜的裂缝分布及发育程度具有以下特征：

（1）远离断层的褶皱转折端部位的构造裂缝发育具有垂向分带性。裂缝带由上至下（由外弧向内弧）分别为张裂缝较发育的张性带、裂缝不发育的过渡带和剪裂缝集中发育的压性带，向斜反之。

（2）张性带内发育东西向张裂缝（相当于平行背斜枢纽的纵张节理），过渡带内裂缝不发育，压性带内发育北北西向和北北东向的剪裂缝（相当于共轭剪节理）或东西向压裂缝。

（3）断背斜转折端高点的张性带厚度较大，向南北两翼变薄。

（4）断背斜内靠近断层的破损带内构造裂缝较发育，尤其是剪裂缝发育。

5.4 小   结

（1）库车拗陷盐下断背斜上部的巴什基奇克组主要发育近东西向高角度的张裂缝、近南北向和北西向多角度的剪裂缝，其中近东西向高角度张裂缝最为发育。

（2）库车拗陷盐下断背斜的裂缝发育特征具有垂向分带性，由上而下可以划分为三个裂缝带，分别为张性带、过渡带和压性带。

（3）裂缝垂向分带的厚度与所处背斜的部位、距断层距离和翼间角大小密切相关：张性带和过渡带在转折端厚度最大，向两翼逐渐减小；断层周围的剪裂缝比远离断层的部位要更发育；张性带和过渡带的厚度随着翼间角的减小而逐渐增大。

（4）根据岩心和成像测井资料，提出库车拗陷盐下断背斜内同褶皱期裂缝发育模式：远离断层的转折端区域，构造裂缝发育具有垂向分带性；而靠近断层区域为破损带，剪裂缝发育。

第6章 盐下构造应变分带的力学机制

针对库车拗陷盐下断背斜的裂缝发育特征，前文提出了该类构造控制的裂缝垂向分带模式。该垂向分带模式也在野外背斜的裂缝分布上获得佐证（Frehner，2011）（图6.1）。在纵弯褶皱的形成过程中，会形成两组典型的构造裂缝，即张裂缝和剪裂缝。褶皱外弧区域发育大量高角度张裂缝，属于背斜的张应变带；褶皱核部区域发育共轭剪裂缝，属于背斜的压应变带；在张应变带与压应变带之间的区域，裂缝发育少，属于应变过渡带。此外，张应变带在转折端最厚，向翼部逐渐变薄并在翼部尖灭。

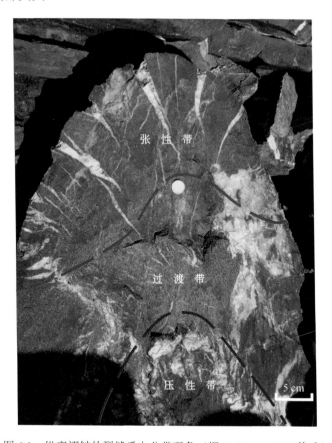

图6.1　纵弯褶皱的裂缝垂向分带现象（据 Frehner，2011 修改）

背斜内的应变垂向分带特征可以被 Ramsay（1967）、Ramsay 和 Huber（1987）、Frehner（2011）的"褶皱中和面"解释。Ramsay（1967）提出的背斜中和面是单一面，把背斜的应变分布分为两个带：中和面之上的张应变带和中和面之下的压应变带，仅中和面上的应变为零。Frehner（2011）通过数值模拟分析进一步分析了褶皱的应变分布与变化，识别出了两个中和面，分别为有限中和面（零应变）和增量中和面（零应变速率）。这两个中和面将褶皱分为三个区域（图 6.2）：一是强张应变带，位于有限中和面之上；二是强压应变带，位于增量中和面之下；三是过渡带，位于有限和增量中和面之间，也被定义为有限中和面附近的弱应变区域。其中，强张应变带解释了背斜转折端发育张性裂缝带的机制，强压应变带解释了背斜核部发育剪裂缝和压裂缝的机制，过渡带（弱应变带）解释了该带裂缝不发育的机制，三个垂向分布的应变带很好地解释了研究区盐下断背斜内裂缝垂向分带的现象。此外，强张应变带的厚度在背斜转折端最大，向翼部逐渐减薄，强张应变带厚度的变化趋势与张裂缝带由枢纽向翼部的厚度变化趋势完全一致。

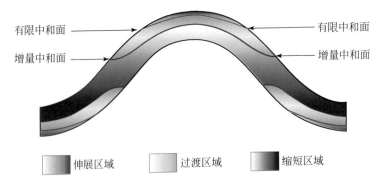

图 6.2　纵弯褶皱中和面控制的应变带垂向分布模式（据 Frehner，2011）

综上，纵弯褶皱内的应变垂向分带模式可以很好地解释纵弯褶皱裂缝垂向分带的现象。有限中和面和增量中和面这两个中和面控制了褶皱的应变分带，也就同时控制不同应变带内发育的裂缝力学性质。但是，研究区的构造样式是断背斜，与背斜并不完全相同。传统认知上，断层转折褶皱成因的断背斜的裂缝发育具有"水平分带"的变化特征，即距离断层越近、剪裂缝越发育，裂缝的发育程度随着距离断层距离的增加而逐渐减小（Torabi and Berg，2011；侯贵廷和潘文庆，2013；鞠玮等，2014）。但本书很重要的成果之一就是通过高品质地震资料的解释与分析，认为库车拗陷盐下的断背斜不同于盐上的断层转折褶皱，而是先褶皱后断层的断层调节褶皱。因此，库车拗陷盐下断背斜的主控构造作用不是断层作用，而是褶皱作用。前人在背斜中和面应变分布模型中，仅分析了纯褶皱，并没有考虑断层因素，本节同时考虑褶皱和断层的影响，通过数值模拟方法研究断背斜的应变分带机制。

6.1　盐下构造应变垂向分带性的力学机制

应力场数值模拟分析是地质构造力学机制研究的重要手段，并已经广泛应用（Hou et al.，2006，2010a，2010b；Eckert et al.，2014；Liu et al.，2016；Sun et al.，2017）。有限元数值模拟软件 ANSYS 功能强大，已经广泛应用于弹性和黏弹性运算，完全可以用于盐下构造应变垂向分带性的力学机制研究。目前，国外尚没有针对断背斜应变分带机制的数值模拟研究。本节将利用有限元数值模拟软件 ANSYS 通过断背斜应力-应变场的分析来研究盐下断背斜应变垂向分带的力学机制。

6.1.1　几何模型及边界条件

为探究研究区断背斜的裂缝发育力学机制，笔者结合库车拗陷盐下断背斜的实际构造样式和地质特征，设计了一个"两软夹一硬"的二维有限元概念模型。其中"两软"为岩石力学性质薄弱的库姆格列木群膏盐层和侏罗系煤层，"一硬"是指两套薄弱层所夹的侏罗系和白垩系砂岩地层。为了更真实地反映研究区的断背斜所处的力学状态，断背斜被简化为单个的薄板，嵌置在力学性质薄弱的基质中，从而模拟使侏罗系和白垩系地层夹在上下两个滑脱层之间的力学状态（图 6.3）。薄板的波长（L）为 600 m，厚度为 100 m。通常情况下，为了触发几何的不稳定性从而形成褶皱变形，断背斜薄板具有一个初始的褶皱变形（Jäger et al.，2008；Frehner，2011；Eckert et al.，2014，2016；Liu et al.，2016），本模型的薄板被设置了初始的正弦变形 $u_y=A\cos(2\pi x/L+\pi)/2$，其中 A 为 75 m。

研究区内断背斜上覆的膏盐层和下伏的煤层厚度变化范围大，本书模型中将上层和下层的薄弱层厚度均设置为 100 m，与褶皱层厚度保持一致。根据研究区断背斜的断层发育特征，在概念模型的背斜南翼设置一初始断层，且断层的倾角设置为与水平方向呈 30°。为了更好地反映断层对应力场的影响（和平等，2011；Ju et al.，2013），模型中断层被当做接触边界、切穿模型（图 6.3）。此外，断层的摩擦系数为 0.5 或更大，较大的摩擦系数是符合研究区断层调节褶皱的特性的，即褶皱作用为主，以断层作用为辅。

上下两套薄弱层和中间夹着的侏罗系和白垩系褶皱层都设置为黏弹性材料，区别是各层的岩石力学参数的差异。该概念模型所设的力学参数多采用通用的沉积岩岩石力学参数的平均值（表 6.1），本模型的各个地层的黏弹性力学参数引自

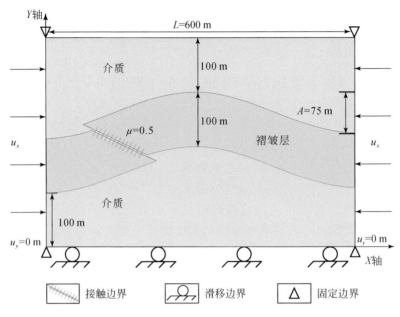

图 6.3　两个软弱层之间的断背斜的几何模型和边界条件

Eckert 等（2014）和 Liu 等（2016），褶皱层的岩石杨氏模量为 33.7 GPa，泊松比为 0.25，平均密度为 2.50 g/cm^3，黏性系数为 10^{21} Pa·s；而薄弱层介质的岩石杨氏模量为 3.37 GPa，泊松比为 0.35，平均密度为 2.50 g/cm^3，黏性系数为 10^{19} Pa·s。黏弹性理论的本构方程为经典的麦克斯韦方程（Li and Mitra，2017；Sun et al.，2017）。模型的底边界为水平滑移边界，水平位移施加在左边界和右边界，施加位移的速率为 $5×10^{-13}$ m/s，而且为了模型的稳定，固定左边界和右边界的垂直方向（图 6.3）。通过不同的位移时间、位移距离，可以获得不同条件下该断背斜概念模型的应力应变分布和变化。

表 6.1　概念模型的岩石力学参数表

岩石力学参数	能干褶皱层	软弱介质
杨氏模量/GPa	33.7	3.37
泊松比	0.25	0.25
黏度/（Pa·s）	10^{21}	10^{19}

6.1.2　应力应变分析

通过对盐下断背斜概念模型的二维黏弹性力学有限元数值模拟，可以获得断背斜内的应力应变分布，包括最大水平主应力和 X 轴应变分布情况。最大水平主应力的分布情况可以通过最大水平主应力轨迹线来表征，轨迹线方向的变化代表了最大水平主应力方向的变化，主应力的相对大小通过轨迹线的长短来表示，主应力的性质通过轨迹线的颜色表示：红色线代表张应力，蓝色线代表压应力；X轴应变是指 X 轴方向上的应变，在本节模型中 X 轴应变即是水平方向的应变，其中应变值大于 0 为张应变、应变值小于 0 为压应变。由于研究对象是白垩系巴什基奇克组砂岩，模型中表现为夹在薄弱层间的能干褶皱层，因此，模拟结果只展示断背斜内的应力应变分布。

从最大水平主应力图（图 6.4）可以看出，断背斜转折端外弧区域的最大水平主应力为张应力（红线），向翼部和向转折端核部都转变为压应力（蓝线），即有限中和面之上的转折端区域为张应力区、有限中和面之下的翼部和核部为压应力区；最大水平主张应力的大小在转折端的顶部（即构造高点）达到最大值，而最大水平主压应力在褶皱核部达到最大值；位于有限中和面和增量中和面之间的过渡带内主应力轨迹线分布较为分散，且最大水平主应力的值很小，为弱应力区。

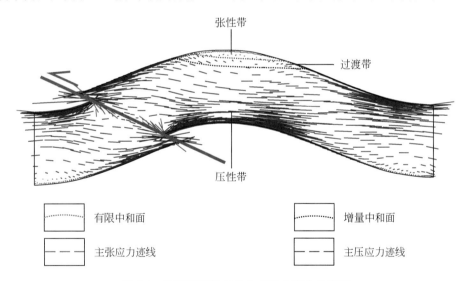

图 6.4　盐下断背斜内最大水平主应力分布图

图中轨迹线方向代表应力方向，轨迹线长度反映出应力大小，红线代表张应力，蓝线代表压应力

该概念模型的 X 轴应变等值线图（图 6.5）中，应变值大于 0 的张应变区颜色为红色，其他颜色为应变值小于 0 的压应变区颜色，且蓝色区的压应变值最大。结果显示张应变区分布在褶皱的外弧转折端，且在转折端顶部的张应变值最大；此外，压应变区分布在褶皱内弧，且在转折端底部的值最大（蓝色区域）；有限中和面与增量中和面之间的过渡带内应变显示为相对低的弱压应变区（橙色区）。通

过数值模拟可以看到断背斜受到挤压作用会形成应力应变分布的垂向分带性，可以分为：张应变带（区）、过渡带（区）和压应变带（区）（图 6.5）。

此外，在逆断层附近的应力应变也存在一定的变化。在断背斜岩层的上部，断层上盘的最大水平主压应力的值和压应变的值比断层下盘的最大水平主压应力的值和压应变的值要大得多（图 6.4 和图 6.5）；在断背斜岩层的下部，断层下盘的最大水平主压应力的值和压应变的值比断层上盘的最大水平主压应力的值和压应变的值要大得多（图 6.4 和图 6.5）。这些结果都显示了断层附近应力应变值都较高，这也就解释了断背斜内断层附近裂缝密度相较于远离断层区裂缝密度更高的现象。

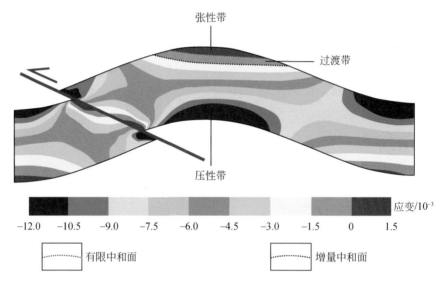

图 6.5　盐下断背斜内 X 轴应变分布

6.1.3　中和面控制应变分带的力学机制

前文通过岩心、薄片和 FMI 成像测井资料的裂缝分析发现库车拗陷盐下断背斜内裂缝发育模式和应变分带模式：在远离断层的转折端，构造裂缝发育特征及其应变分布具有垂向分带性，自背斜的转折端向核部，分为发育张裂缝的张应变带、裂缝不发育的过渡带和发育剪裂缝的压应变带。

断背斜缩短过程的二维黏弹有限元数值计算获得的应变分带结果总体上与裂缝带发育特征一致：①张裂缝发育的张应变带对应有限中和面以上的区域，该区域最大水平主应力为张应力、应变为张应变，是形成张裂缝的力学条件，同时最大水平主张应力的方向为水平方向，很好地解释了在断背斜转折端发育高角度纵张裂缝，当水平方向为南北向时，即受力方向为南北向时，在断背斜有限中和面以上的区域会形成东西走向的高角度张裂缝的发育带；②在有限中和面与增量中和面之间的控制区域，最大水平主应力很小、主应力轨迹线分散、应变弱，对应构造裂缝很少发育的过渡带；③在增量中和面之下的断背斜翼部和核部，尤其在核部，最大水平主应力为压应力、应变为压应变，是发育剪裂缝和压裂缝的力学条件，很好地解释了在断背斜翼部和核部区域发育的中低角度剪裂缝和压剪裂缝。

当最小主应力平行于枢纽方向时，就会形成垂直于褶皱枢纽的南北走向的剪裂缝；当最小主应力为垂直方向时，就会形成东西走向的剪裂缝。库车拗陷盐下断背斜的枢纽是近东西向，断背斜转折端发育的张裂缝为近东西走向，而核部的剪裂缝以南北走向为主。Liu 等（2016）针对垂直于褶皱枢纽的南北走向的剪裂缝力学机制进行了数值模拟研究，发现短轴背斜的几何特点可以使最小主应力转换为与枢纽平行方向，从而导致这类剪裂缝的形成。研究区的断背斜的褶皱几何特点为非圆柱状，也可以很好地解释研究区单个断背斜的裂缝发育模式。因此，研究区剪裂缝的走向变化可能是由最小主应力的变化或非圆柱状几何形状导致的。

综合数值模拟结果和应力应变分析（图 6.4 和图 6.5），最大水平主应力和 X 轴应变在断背斜内的空间分布明显地显示出断层对断层附近区域的破损带内发育剪裂缝具有重要的影响，而双中和面更是控制断背斜内应变垂向分带模式的力学机制的主要因素之一，有限中和面控制了张性带的分布，增量中和面控制了压性带的分布，有限中和面和增量中和面共同控制了过渡带的展布。

6.2　翼间角对应变分带的影响

基于库车拗陷克拉苏构造带盐下三维地震剖面解释研究，研究区的盐下构造样式依据翼间角的大小共划分出平缓褶皱和开阔褶皱两大类。翼间角的大小代表褶皱的紧闭程度或缩短程度，翼间角越小，表明褶皱越紧闭，缩短率越高。为了进一步研究应变分带和翼间角的关系，以断背斜褶皱枢纽位置上的不同钻井或不同断背斜褶皱枢纽位置的钻井为对象，本节通过数值统计和数值模拟的方法分别对断背斜内褶皱枢纽上钻井的翼间角和张应变带、过渡带和压应变带的厚度进行统计分析。

翼间角的大小和应变带的划分方法详见前文所示，翼间角的大小、张应变带厚度和过渡带厚度详见表 6.2。为了更直观地表现翼间角和应变带的关系，不同钻井的张应变带厚度和过渡带厚度分别投影到横坐标为翼间角、纵坐标为厚度的关系图中，并分别用红点和蓝点表示，然后通过 Matlab 软件分别对张应变带厚度与翼间角、过渡带厚度与翼间角进行回归分析。

表 6.2　褶皱轴部井的翼间角与应变带厚度统计表

井号	翼间角 / (°)	张应变带厚度/m	过渡带厚度/m	张应变带−过渡带厚度/m
K1	142	148	122	270
K2	145	116	103	219
K3	147	98	102	200
K4	152	88	50	138
K5	127	162	—	—
K6	141	130	—	—
K7	127	173	—	—
K8	134	148	—	—
K9	134	111	—	—
K10	129	165	111	276
K11	141	116	—	—
K12	150	90	—	—
K13	147	99	—	—
K14	132	131	—	—
K15	125	149	—	—
K16	132	131	—	—
K17	142	113	77	190
K18	151	90	50	140
K19	141	134	—	—

注："—"是指过渡带没有被钻穿而厚度未知或者张应变带−过渡带厚度未知。

数值统计结果显示，张应变带厚度与翼间角的拟合关系式为：$y=-0.03x^2+6.5x-139.3$，$R^2=0.75$；张应变带−过渡带的厚度与翼间角的拟合关系式为：$y=-839.8\ln x+4377.5$，$R^2=0.69$。二者的拟合关系显示张应变带和过渡带的厚度都随着褶皱翼间角的减小而逐渐增大（图 6.6），这也意味着压性带随着翼间角的减小而逐渐减小。

为了更好地理解翼间角与应变带的关系，本节又建立了几个应力场模型，且模型的长度一致、边界条件一致，与前一节模型唯一不同的是岩层的褶皱翼间角，如图 6.7。考虑到研究区断背斜主要为平缓褶皱和开阔褶皱，本节建立的断背斜模型翼角范围为 130°～160°，由图 6.7a 至图 6.7d，断背斜的翼间角由 160° 逐渐减

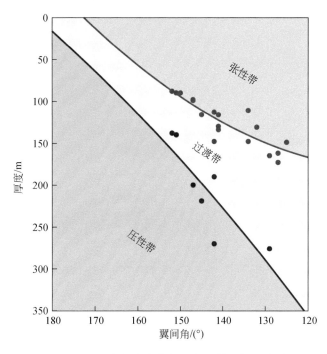

图 6.6 盐下断背斜应变带厚度与翼间角的关系

厚度 0 代表背斜转折端最高点位置，厚度值代表应变带界线距最高点的距离（红线代表张性带的底界面，即有限中和面；蓝线代表过渡带的底界面，即增量中和面）

小至 130°，每个模型的翼间角相差 10°。结果表明：每个模型模拟的应变总体分布相似，不同的是应变分布范围的大小，尤其是张应变带、过渡带的厚度。可以发现随着翼间角的减小，张应变带和过渡带的厚度逐渐增大，而压应变带的厚度减小，与数值统计的结果一致。此外，模拟结果显示随着褶皱翼间角的减小，张应变带和过渡带的分布范围也由褶皱枢纽向翼部逐渐扩展，压应变带的分布范围逐渐也相应地减小（图 6.7）。

6.3 岩石力学参数对应变分带性的影响

地层发生褶皱时其应变分带（区）性主要取决于岩性、岩层厚度、断层和褶皱等因素的控制。此外，地层的岩石力学参数对褶皱应变分带性也至关重要，主要包括杨氏模量、泊松比、抗压强度、黏度比等基本参数。关于岩石力学参数对盐下断背斜应变分带性影响的研究较少。本节尝试研究断背斜缩短过程中随着褶皱翼间角逐渐减小断背斜应变分带区的变化（图 6.7）。

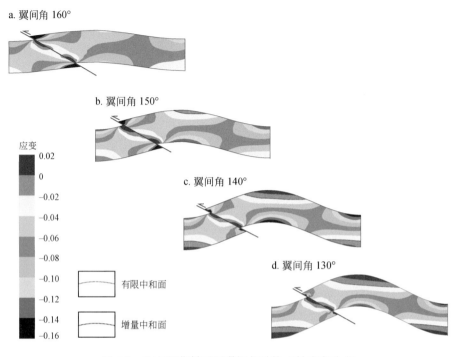

图 6.7　盐下断背斜不同翼间角时的 X 轴应变分布

正值代表张应变，负值代表压应变

对于库车拗陷盐下断背斜白垩系巴什基奇克组砂岩的应变分带现象，前面的章节通过有限元数值模拟的方法分析了应变分带的力学机制，并认为盐下断背斜的应变分带性受褶皱"双中和面"和断层的控制与影响。而岩石力学参数对断背斜应变分带的影响分析仍需要进一步探讨。因此，本节以库车拗陷盐下断背斜为例，以白垩系巴什基奇克组上部的张应变带为研究目标，运用 ANSYS 有限元数值模拟方法，通过建立盐下断背斜的二维黏弹性力学概念模型，选取杨氏模量、泊松比和黏度比三个岩石力学参数，重点探讨不同的岩石力学参数对应变的影响。

二维应力场概念模型的几何形态和边界条件与 4.1 节的模型（图 6.3）基本一致，但不同的是，本节的应力场概念模型中，保持所有概念模型的左右边界施加相同的位移约束，更重要的是在其他岩石力学参数不变的条件下改变某单一参数，通过设置一系列不同的杨氏模量、泊松比和黏度比（背斜与围岩介质的黏度之比）（表 6.3 和表 6.4），系统性分析岩石力学参数对应力场和张裂缝发育的影响。

表 6.3 不同杨氏模量、泊松比的概念模型及其模拟结果统计

组号	A							B						
模型号	A_1	A_2	A_3	A_4	A_5	A_6	A_7	B_1	B_2	B_3	B_4	B_5	B_6	B_7
泊松比	0.10	0.10	0.10	0.10	0.10	0.10	0.10	0.15	0.15	0.15	0.15	0.15	0.15	0.15
杨氏模量/GPa	10	25	40	55	70	85	100	10	25	40	55	70	85	100
最大应变值/10^{-5}	4.5	5.4	6.5	7.9	9.9	13.2	40.6	4.6	5.5	6.6	8.0	10.2	14.0	45.7
张应变带宽度/m	112.4	115.0	118.6	122.1	124.0	129.2	129.3	112.4	115.0	118.6	122.3	124.0	129.2	131.0
张应变带厚度/m	7.5	7.5	8.4	9.3	9.3	10.1	10.1	7.5	7.5	8.4	8.8	9.3	10.1	10.1

组号	C							D						
模型号	C_1	C_2	C_3	C_4	C_5	C_6	C_7	D_1	D_2	D_3	D_4	D_5	D_6	D_7
泊松比	0.20	0.20	0.20	0.20	0.20	0.20	0.20	0.25	0.25	0.25	0.25	0.25	0.25	0.25
杨氏模量/GPa	10	25	40	55	70	85	100	10	25	40	55	70	85	100
最大应变值/10^{-5}	4.6	5.5	6.7	8.3	10.7	15.2	52.7	4.6	5.6	6.9	8.7	12.1	22.5	61.2
张应变带宽度/m	112.4	115.0	118.6	122.5	124.8	129.2	131.0	112.4	115.0	120.3	123.9	124.8	129.2	132.1
张应变带厚度/m	7.5	7.5	8.4	8.7	9.3	10.1	10.1	7.5	7.5	8.5	9.3	9.3	10.1	11.0

组号	E							F						
模型号	E_1	E_2	E_3	E_4	E_5	E_6	E_7	F_1	F_2	F_3	F_4	F_5	F_6	F_7
泊松比	0.30	0.30	0.30	0.30	0.30	0.30	0.30	0.35	0.35	0.35	0.35	0.35	0.35	0.35
杨氏模量/GPa	10	25	40	55	70	85	100	10	25	40	55	70	85	100
最大应变值/10^{-5}	4.7	5.8	7.3	9.5	13.2	35.7	72.6	4.8	6.2	8.1	11.1	16.8	51.4	85.9
张应变带宽度/m	112.4	115.0	120.3	125.7	127.4	129.2	132.8	113.3	116.8	122.1	124.0	129.2	130.9	132.8
张应变带厚度/m	7.5	8.4	8.5	9.3	10.1	10.1	11.0	7.5	8.4	9.3	9.3	10.1	10.1	11.0

组号	G						
模型号	G_1	G_2	G_3	G_4	G_5	G_6	G_7
泊松比	0.40	0.40	0.40	0.40	0.40	0.40	0.40
杨氏模量/GPa	10	25	40	55	70	85	100
最大应变值/10^{-5}	5.0	7.0	9.9	14.9	26.6	70.1	101.5
张应变带宽度/m	113.3	118.6	124.0	127.6	129.2	132.7	136.3
张应变带厚度/m	7.5	8.4	9.3	10.1	10.1	11.0	11.0

表 6.4 不同黏度比的概念模型及其模拟结果统计

组号	H								
模型号	H_1	H_2	H_3	H_4	H_5	H_6	H_7	H_8	H_9
泊松比	0.25								
杨氏模量/GPa	55								
黏度比	10	25	40	55	70	85	100	115	130
最大应变值/10^{-5}	0.0	0.0	4.8	9.3	11.9	13.7	14.6	16.4	16.4
张应变带宽度/m	0.0	0.0	89.4	123.9	141.6	149.5	158.5	161.1	167.2
张应变带厚度/m	0.0	0.0	2.6	8.7	15.9	23.4	31.4	39.5	47.7

　　研究区盐下断背斜巴什基奇克组砂岩的杨氏模量平均为 40 GPa，泊松比平均为 0.25。为了研究杨氏模量、泊松比和黏度比对应变分带的影响，本书选取一定的岩石力学参数范围：杨氏模量取值范围为 10～100 GPa，步长为 15 GPa；泊松比的取值范围为 0.1～0.4，步长为 0.05；黏度比的取值范围为 10～150，步长为 15。而每一组模型中，只改变其中一个岩石力学参数，并保证其余参数不变，详见表 6.3 和表 6.4。A～F 共 7 组，合计 49 个模型，探讨杨氏模量和泊松比对应力场和构造裂缝发育的影响，例如 A_1～A_7 这 7 个模型为一组探讨杨氏模量对应变带的影响，A_1、B_1…G_1 这 7 个模型为一组探讨泊松比对应变带的影响。黏度比对应变带的影响，是基于基本模型参数（杨氏模量平均值 55 GPa、泊松比平均值 0.25），取不同的黏度比的值，共 1 组 9 个模型（H_1～H_9）。

　　每一个模型的数值模拟，都可以得到每个模型的应变分布，包括最大应变值、张应变带的厚度和张应变带的宽度，如图 6.8 所示。最大应变值是指背斜张应变区域内（应变值大于 0 的红色区域）的张应变最大值，最大应变值越大，说明该地区经受的张应变越强，越有利于张裂缝的发育；而张应变带厚度是指张应变区域垂向上的最大厚度，张应变带宽度是指应变区域左右边界的横向长度。因此，张应变带的厚度和张应变带的宽度这两个参数更能够直观衡量出张应变带的分布范围，张应变带厚度越大、张应变带宽度越大，也就是张应变的分布范围越大，那么该区带的张裂缝发育程度就越高。

6.3.1　杨氏模量对断背斜应变分带的影响

　　对每组模型的最大应变值、张应变带的宽度和厚度与杨氏模量进行投点或拟合分析，结果分析可以发现，最大应变值分布范围在 5～100 之间，且最大应变值与杨氏模量存在正相关关系，随着杨氏模量的增加，最大张应变值逐渐增大（图 6.9），也就意味着更有利于张裂缝的发育。在杨氏模量小于 70 GPa 的条件下，最大张

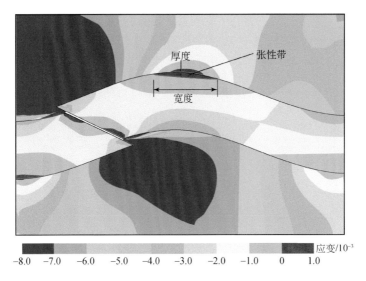

图 6.8　断背斜力学模型 A_3 模拟计算出的应变分布图

红色代表张应变，正值代表张应变，负值代表压应变

应变值随着杨氏模量增大而缓慢增长，表明对张裂缝的发育程度增长贡献不大了，而在杨氏模量大于 70 GPa 的条件下，最大张应变值随着杨氏模量增大而快速增大，表明开始更有利于张裂缝的发育。

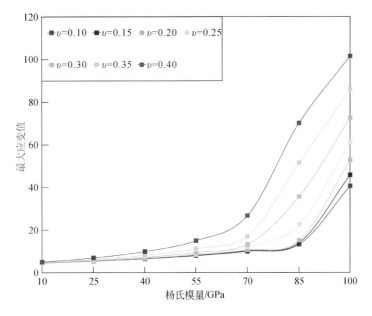

图 6.9　杨氏模量与最大应变值的关系（υ 为泊松比）

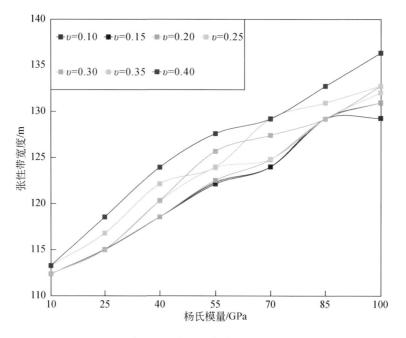

图 6.10 杨氏模量与张应变带宽度的关系（υ为泊松比）

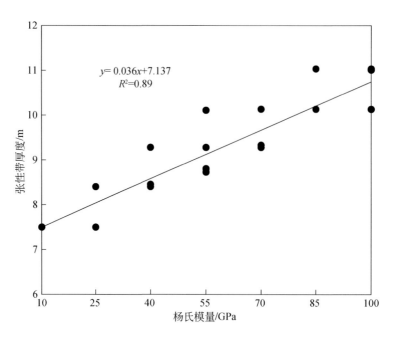

图 6.11 杨氏模量与张应变带厚度的关系

此外，研究发现张应变带的宽度分布范围在 112～140 m 之间，张应变带的宽度也与杨氏模量存在正相关关系，张应变带的宽度随着杨氏模量的增加总体上呈现线性增加的特征（图 6.10），即杨氏模量越大，张应变带的宽度越大。张应变带的厚度分布范围在 7.5～11 m 之间，单组的结果分析发现与杨氏模量变化的规律不明显，但总共 7 个组的数据拟合分析发现，张应变带的厚度与杨氏模量也存在正相关的关系：$y=0.036x+7.137$，$R^2=0.89$（图 6.11），随着杨氏模量的增大，张应变带的厚度总体上逐渐增大。

6.3.2　泊松比对断背斜应变分带的影响

为了分析盐下断背斜应变分带性与泊松比的关系，本节对不同泊松比条件下的最大应变值、张应变带的宽度和厚度进行投点或拟合分析。结果表明，最大应变值总体上随着泊松比的增加而缓慢增加（图 6.12），但在杨氏模量小于 40 GPa 情况下，泊松比对最大应变值的影响很小，在杨氏模量大于 40 GPa 条件下，泊松比增加，最大应变值缓慢增加。

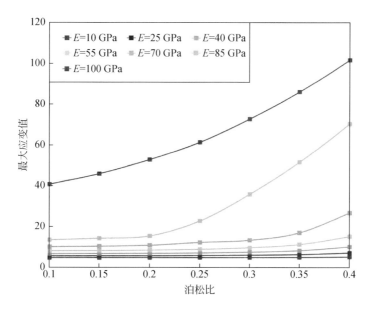

图 6.12　泊松比与最大应变值的关系（E 为杨氏模量）

此外，通过张应变带的宽度与泊松比的关系图可以发现（图 6.13），张应变带的宽度总体上随着泊松比的增加而缓慢增加，泊松比越大，张应变带宽度越大。但是，在对张应变带的厚度与泊松比的关系分析中发现，二者的相关性较差，即泊松比对张应变带的厚度影响很小。

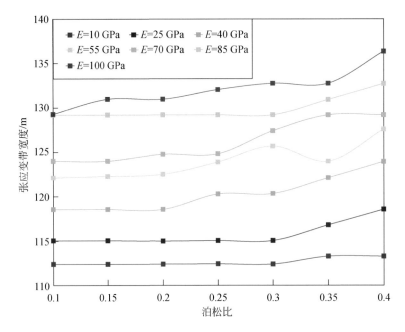

图 6.13 泊松比与张应变带宽度的关系

6.3.3 黏度比对断背斜裂缝发育的影响

通过对模型 $H_1 \sim H_9$ 的应力场模拟结果分析，获得最大应变值、张应变带的宽度和厚度与黏度比的关系图（图 6.14～图 6.16）。结果显示，当背斜与围岩介质的黏度比小于 25 时，最大应变值为 0，背斜内不存在张应变，不能形成张裂缝；当黏度比大于 25 时，最大应变值才开始大于 0，背斜内才开始存在张应变，才可能形成张裂缝；总体上，最大应变值随着黏度比的增加而逐渐增大，黏度比越大，越有利于发育张裂缝。此外，在黏度比小于 25 的条件下，背斜内都不存在张应变带的宽度和厚度，不利于形成张裂缝；在黏度比达到 25 的情况下，背斜内开始出现张应变带，表明开始形成张裂缝；黏度比大于 25，张应变带的宽度呈现先快速增加后缓慢增加的特征，张应变带的厚度随着黏度比的增加而逐渐增加，这也意味着张应变带的分布范围随着黏度比的增加而逐渐变大。

研究表明杨氏模量越高，张应变带分布越广，张应变带与杨氏模量存在正相关的关系，在岩体受力、未变形的条件下，杨氏模量越高意味着岩层越脆、越不容易变形，在应力超过岩石抗张强度或抗剪强度时，岩石更易破裂形成裂缝；而值得注意的是，在岩体发生变形的条件下，应变对破裂的形成也有一定的影响（丁中一等，1998；Zhao and Hou，2017；Sun et al.，2018），泊松比越大，岩体越容

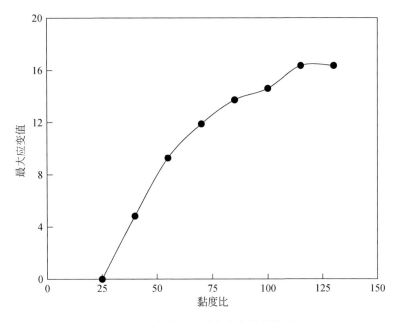

图 6.14 黏度比与最大应变值的关系

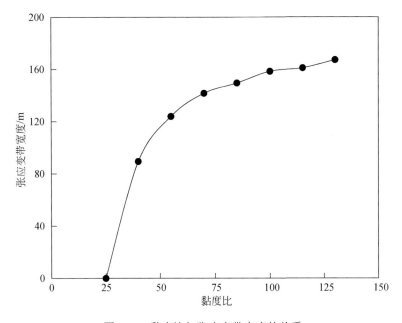

图 6.15 黏度比与张应变带宽度的关系

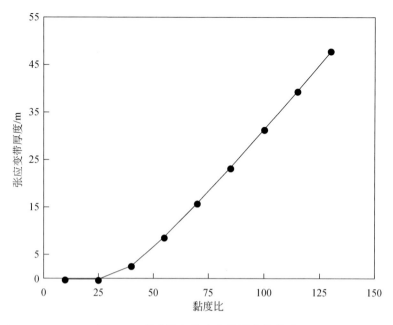

图 6.16　黏度比与张应变带厚度的关系

易变形，对于研究区的断背斜来说，泊松比的增大有利于断背斜顶部转折端区发生张应变，也就是有利于在转折端发育张裂缝，这也导致了应变最大值会随着泊松比的增大而增大、张应变带的宽度会随着泊松比的增大而增大。但是，可以发现最大应变值和张应变带宽度和厚度随着杨氏模量的变化较大，相对于杨氏模量而言，泊松比对张应变带的影响小很多（图 6.10～图 6.13）。

综合以上分析，随着杨氏模量的增加，最大应变值逐渐变大，张应变带的宽度和厚度逐渐变大，张应变带分布范围更广，更有利于发育张裂缝；随着泊松比的增加，最大应变值和张应变带的宽度均缓慢增加；随着黏度比的增加，达到某一定值后张应变带开始出现，之后最大应变值迅速增大，张应变带的宽度和厚度均逐渐增加，张应变带分布范围变大，有利于在盐下断背斜的转折端发育更厚更宽的张裂缝带。

6.4　小　　结

（1）中和面是控制断背斜内应变垂向分带的主要因素，有限中和面控制张应变带的分布、增量中和面控制着压性带的分布、有限和增量中和面共同控制着过渡带的分布。

（2）褶皱应变分带性与翼间角关系密切：随着翼间角的减小，张应变带和过渡带的厚度逐渐增大、压应变带厚度减小，张应变带和过渡带的分布范围也由褶皱枢纽向翼部逐渐扩展、压应变带分布范围变小。

（3）随着杨氏模量的增加，最大应变值逐渐变大，张应变带的宽度和厚度逐渐变大。

（4）随着泊松比的增加，断背斜内的最大应变值和张应变带的宽度均缓慢增加。

（5）随着黏度比的增加，断背斜内的最大应变值迅速增大，张应变带的宽度和厚度均逐渐增加。

第7章 盐下构造的张裂缝预测

近年来，致密储层已经成为国内外油气勘探开发的重要目的层，而致密储层的物性差，具有"低孔低渗"的特点，孔隙度小于 10%，渗透率小于 1 mD[①]（邹才能，2014）。构造裂缝在致密储层的储集空间中具有重要的贡献，尤其是张裂缝很大地改善了储层的物性，提高了孔隙度和渗透率，使致密储层的商业油气勘探开发成为可能（侯贵廷，1994；Smart et al.，2009；Ameen et al.，2012；Zeng et al.，2013；Ju and Sun，2016）。库车拗陷盐下构造的主要储层为白垩系巴什基奇克组致密砂岩，平均孔隙度为 8%，平均渗透率为 1～3 mD（Zhang et al.，2014；Li et al.，2018）。由于喜马拉雅期印度板块和欧亚板块碰撞的远程效应，天山陆内造山形成库车山前冲断带，断背斜发育，有利于形成大量构造裂缝，裂缝的发育对储层的物性和产能具有明显的改善作用，巴什基奇克组上部的张应变带发育张裂缝，对储层的改造更为明显。目前，白垩系巴什基奇克组已经成为库车拗陷盐下油气勘探开发的重要目的层，而且先后在克拉苏构造带深部的克深地区、大北和博孜地区发现了工业气流，形成了我国西部著名的大型盐下深层致密砂岩气田（田军，2019）。塔里木油田今后的开发重点之一是加强对库车拗陷盐下构造的致密砂岩天然气开发，其中断背斜张应变带的裂缝定量预测有助于致密砂岩气的进一步开发。

关于裂缝预测的研究方法很多，例如地震相干体分析方法（Chopra and Marfurt，2007）、曲率分析方法（Lisle，1994；Sigismondi and Soldo，2003；Shaban et al.，2011）和地质力学分析方法（侯贵廷，1994；Henk and Nemčok，2008；Smart et al.，2009；Zhao and Hou，2017）等。"二元法"是指同时考虑岩石破裂值和应变能密度这两个参数，并应用于裂缝预测的方法（丁中一等，1998）。目前，"二元法"也已经在国内鄂尔多斯陇东地区、库车拗陷依南-吐孜地区和迪北地区进行了应用（鞠伟等，2013；于璇等，2016a，2016b；Zhao and Hou，2017），对致密储层的构造裂缝进行了定量预测，"二元法"结合有限元数值模拟已经广泛应用于构造裂缝定量预测。

近年来，一些研究学者对库车拗陷的断背斜进行了一些裂缝定量预测，如鞠伟等（2013）对迪北致密砂岩裂缝开展预测，王珂等（2016a，2016b）对克深 2 构造的裂缝密度进行了预测，方晓刚等（2017）对克深 8 构造的裂缝密度进行了

[①] 1mD≈1 μm²

预测，不过这些裂缝预测都是以剪裂缝为对象，没有开展张裂缝及张应变带厚度和范围的预测，本研究区白垩系巴什基奇克组在断背斜的枢纽转折端发育张裂缝，对储层的改善十分重要。因此，本章将以库车拗陷盐下克深 2 构造为例，以发育张裂缝为研究对象，通过建立三维弹性力学模型，利用有限元数值模拟软件ANSYS，基于破裂值和应变能密度的"二元法"，对克深 2 构造的张裂缝开展定量预测，希望能对库车拗陷盐下构造的致密气开发提供借鉴。

7.1　克深 2 构造的张裂缝发育特征

克深 2 构造是库车拗陷克拉苏–依奇克里克构造带中部盐下断背斜构造，其枢纽近东西向。克深 2 构造是在新生代喜马拉雅运动的背景下形成的，是自北向南逆冲形成的第二个断背斜构造，是夹持在克深断裂和克深北断裂之间的一个构造（图 7.1），向北接克深 6 构造，向南临克深 8 构造。

克深 2 构造属于断背斜型干气气藏，是继克拉 2 气田和大北气田发现之后的又一个重点含气构造，已经完钻了以克深 2 井和克深 201 井等为代表的高产气井（图 7.2），是塔里木盆地油气勘探开发的重点区块之一，也是国内"西气东输"的气源区。白垩系巴什基奇克组是克深 2 构造的主要产气层，岩性以细砂岩为主、夹薄层泥岩，地层平均厚度约 300 m，埋藏深度大，范围为 6500～7500 m。欧亚板块与印度板块碰撞导致的强烈断裂和褶皱活动，使白垩系巴什基奇克组广泛发育构造裂缝，尤其上部广泛发育近东西向的张裂缝，对致密砂岩气藏的形成有重要作用。

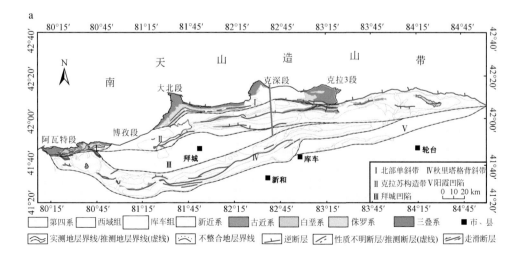

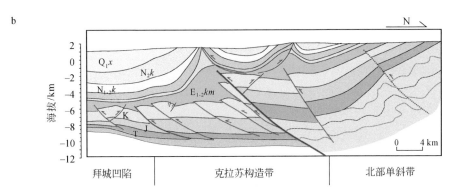

图 7.1　库车拗陷克深 2 构造的位置示意图（a）及过克深 2 井的构造剖面（b）

深绿色地层为古近系库姆格列木组膏盐层，浅绿色地层为白垩系巴什基奇克组砂岩层

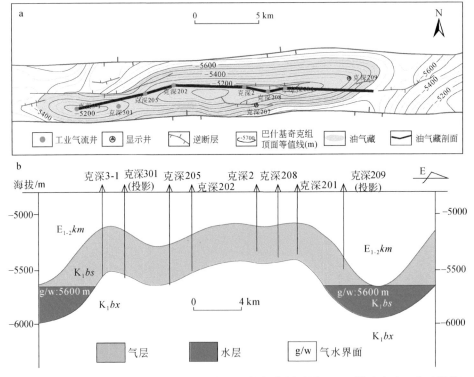

图 7.2　克深 2 构造气藏平面图（a）及背斜上部的气藏剖面图（b）（塔里木油田公司提供）

　　通过对克深 2 构造取心井的裂缝测量统计发现，在该断背斜构造的巴什基奇克组上段广泛发育张裂缝（图 7.3 和图 7.4）。以克深 201 井为例，岩心观测发现张裂缝的开度大（可达 2 mm）、倾角高、多被方解石充填或部分充填；显微薄片中张裂缝绕过颗粒边界发育，如图 7.3 中紫色区域。通过取心井和 FMI 成像测井

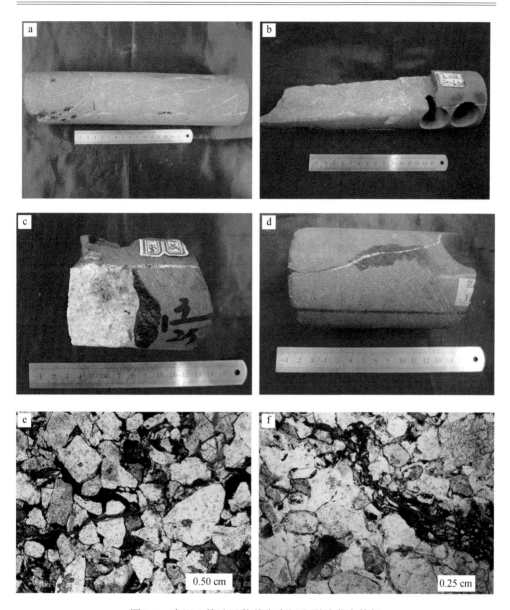

图 7.3　克深 2 构造巴什基奇克组张裂缝发育特征

a. 克深 201 井，埋深 6513 m，部分充填，充填物为方解石；b. 克深 202 井，埋深 6766 m，部分充填，充填物为方解石；c. 克深 205 井，埋深 6931 m，全充填，充填物为方解石；d. 克深 207 井，埋深 6799 m，全充填，充填物为方解石；e. 克深 201 井，埋深 6511 m；f. 克深 201 井，埋深 6705 m；显微薄片中，紫色代表张裂缝形成的孔隙

资料的裂缝测量统计分析，该断背斜的巴什基奇克组在垂向上自上而下可以划分为张应变带、过渡带和压应变带，而张应变带又进一步可以划分为强张应变

带和弱张应变带。同样以克深 201 井为例，强张应变带内的裂缝密度为 2.19 m^{-1}，弱张应变带内的裂缝密度为 0.87 m^{-1}。通过对克深 2 构造内的 9 口井的 FMI 资料分析，发现强张应变带的平均厚度约 50 m。此外，由于裂缝密度测量与 FMI 图像的长度密切相关，本节在统计张应变带裂缝密度的时候，控制 FMI 图像的长度统一为 50 m。9 口井的总裂缝密度分布范围为 0.05~2.75 m^{-1}（图 7.4），总裂缝密度最大的井为克深 202 井，克深 201 井、克深 2 井的裂缝也较为发育，而克深 203 井、克深 205 井裂缝密度低、裂缝较不发育。通过对 9 口井的裂缝密度对比分析，发现在断背斜转折端的裂缝密度（如克深 2 井和克深 208 井）比在翼部的裂缝密度（如克深 207 井）相对较高；在断层末端区域的裂缝密度要比其他区域的裂缝密度相对较高（如克深 201 井附近区域）。

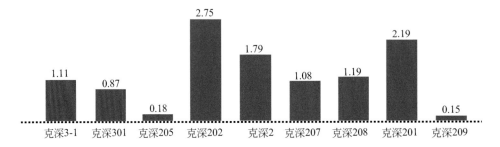

图 7.4　克深 2 构造巴什基奇克组上部的裂缝密度（单位：m^{-1}）分布

总体上，裂缝密度在断背斜转折端和断层末端附近相对较高。但是，仅有几口井的裂缝发育程度分析并不能反映出井以外区域的裂缝发育程度，也达不到油气勘探开发的要求，因此，对克深 2 构造井间区域的裂缝预测是很有必要的。

7.2　三维构造模型的应力场数值模拟

克深 2 构造是一个盐下断背斜构造，该构造上发育的裂缝都是构造裂缝，受构造应力场的控制，是岩石上所受的应力作用超过破裂强度的结果。因此，应力场分析是裂缝定量预测的基础。有限元数值模拟方法（FEM）已经广泛应用于应力场分析和裂缝预测研究（丁中一等，1998；Viruete et al.，2001；Hou et al.，2006，2010a，2010b；Jäger et al.，2008；Eckert et al.，2014；Sun et al.，2017）。

本节采用的有限元数值模拟方法，是通过 ANSYS 数值模拟软件对应力场进行处理分析。有限元方法的基本原理是首先将地质体划分为若干有限单元和节点，节点之间彼此相连围限成有限元单元，再根据地质体的岩石力学性质赋予每个单元一定的力学参数（如：杨氏模量、泊松比）。整个地质体的连续函数首先被转化为各节点上的场函数值，依据地质体的边界受力状态和节点平衡条件，可以获得每个节点或单元的位移、应力和应变，进而获得整个地质体的应力场分布（丁中一等，1998）。

7.2.1　几何模型

克深 2 构造为东西长约 35 km，南北宽约 6 km 的断背斜，平面上构造走向呈近东西向展布（图 7.2）。由于古近系—新近系的膏盐层和侏罗系的煤层这两套滑脱层的存在，白垩系和侏罗系地层经历的构造变形与盐上地层和煤下地层截然不同。因此，本次三维模拟模型中只考虑了白垩系和侏罗系地层。模型的顶界面依据克深 2 构造白垩系巴什基奇克组的顶面构造图（图 7.2）。模型的北边界（L1）和南边界（L3）是按照克深 2 构造的南北边界断层建立的，构造内部共考虑规模较大的断层 8 条（图 7.5）。考虑到断层内（如存在断层泥等）与围岩在岩石力学性质上的差异（Chemenda et al.，2002；Ju et al.，2014），这 10 条逆断层在力学性质设置上弱于岩层。岩石破裂为脆性破裂，因此，本次模拟将模型按照弹性体进行处理，模型采用薄板模型建立，弹性力学本构方程遵循胡克定律。采用三维 10 节点四面体结构单元将克深 2 构造的地质模型进行网格化剖分，剖分后共存在 644893 个节点，生成 458370 个单元（图 7.6）。模型中给岩层和断层赋予的岩石力学参数基于前人对研究区侏罗系和白垩系砂岩的岩石力学实验结果平均值（王子煜，2002；王珂等，2016a，2016b），包括杨氏模量和泊松比，详见表 7.1。

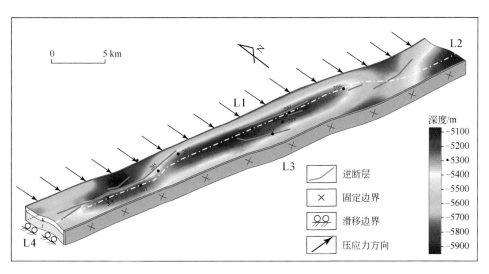

图 7.5　克深 2 构造的三维模型及边界条件

等值线为白垩系顶面的埋深等值线

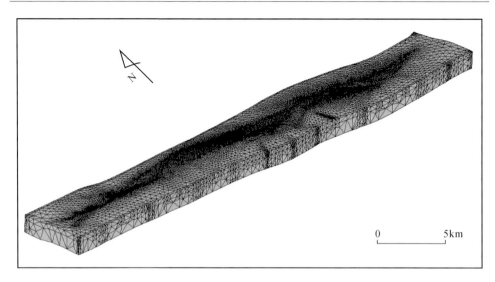

图 7.6 克深 2 构造几何模型的网格剖分图

表 7.1 模型所需的岩石力学参数（据王子煜，2002；王珂等，2016a）

单元	杨氏模量/GPa	泊松比
白垩系（砂岩）	40	0.26
侏罗系（砂岩）	35	0.23
断层	4	0.3

7.2.2 力学模型

在新生代，由于陆内天山造山带的隆升导致研究区向南推挤缩短，在此构造背景下，研究区发育一系列北倾的东西走向的叠瓦状断背斜。通过野外构造应力场分析，研究区的最大水平主压应力方向为近南北向（郑淳方等，2016）；岩石力学实验测试发现最大差应力为 80 MPa（曾联波等，2004；刘洪涛和曾联波，2004）。根据前人的研究，本节对模型的边界应力条件设置如下（图 7.5）：

（1）克深 2 构造的北边界设置为挤压边界，施加与北边界正交（L1）的 80 MPa压应力，东、西边界（L2 和 L4）设置为南北方向可以自由移动的边界（南北向走滑带），响应天山隆起导致的南北向挤压。

（2）克深 2 构造的南边界设置为固定边界（L3），以响应南部受到塔北隆起的阻挡作用。

依据区域地质背景研究，在对几何模型设置边界力学条件后，施加边界应力，建立起力学模型，通过 ANSYS 有限元软件计算获得研究区的应力场分布，为克深 2 构造白垩系巴什基奇克组的张裂缝预测确定合理的应力场背景。

7.2.3 应力场分析

在前面力学模型的基础上，通过有限元数值模拟软件，可以获得克深 2 构造的应力场分布，包括最大主应力、中间主应力和最小主应力等（图 7.7），其中正应力值为张应力，负应力值为压应力。图 7.7a 为克深 2 构造巴什基奇克组顶面的最大主应力分布图，颜色越接近蓝色说明压应力越大，可以看出，最大主应力在克深 2 构造的转折端最小，向翼部变大。而在最小主应力的分布图（图 7.7c）上，颜色越接近红色说明张应力越大，可以看出，最小主应力在克深 2 构造的转折端最大，向翼部逐渐减小。最大差应力分布图（图 7.7d）显示最大差应力在断背斜

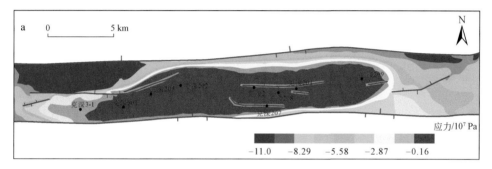

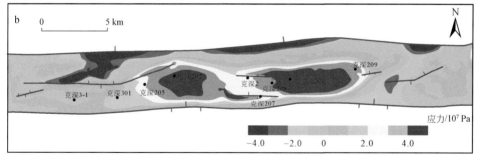

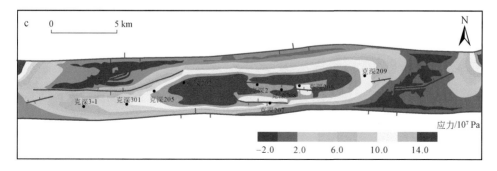

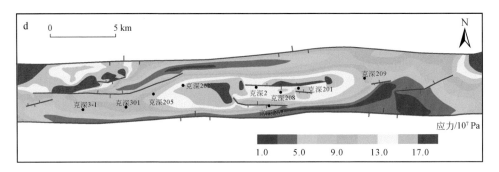

图 7.7 克深 2 构造巴什基奇克组顶面的最大主应力分布图（a）、中间主应力分布图（b）、最小
主应力分布图（c）与最大差应力分布图（d）

转折端集中，转折端容易破裂形成裂缝。本节通过数值模拟获得的最大主应力、中间主应力和最小主应力的分布为后面开展张裂缝定量预测奠定了基础。

7.3 张裂缝预测

前人对构造裂缝发育和分布的预测研究已经取得了较大的进展，形成了众多认识和研究方法，主要包括岩石破裂法、能量法和主曲率法等（曾锦光等，1982；周新桂等，2003；Zahm and Hennings，2009）。岩石破裂法是在应力场分析的基础上，依据岩石的破裂准则，确定脆性破裂发生的区域，并通过实测裂缝密度的约束，进行裂缝密度分布的定量预测。能量法是依据应变能密度的高低确立裂缝的发育程度，认为岩石在高应变能密度下比低应变能密度下更容易形成裂缝。丁中一等（1998）提出构造裂缝预测的"二元法"，这里的"二元"就是指破裂值和应变能密度这两个变量，并认为裂缝的发育程度受这两个变量的控制，裂缝定量预测可以通过建立破裂值和应变能与实测裂缝密度的拟合关系，进而对研究区的构造裂缝密度分布进行定量预测。

因此，本节将同时考虑岩石的破裂值和应变能密度这两个变量，与实测裂缝密度建立拟合关系，即通过"二元法"在 FMI 成像测井实测裂缝密度的约束下，对克深 2 构造的构造裂缝密度分布进行定量预测。

7.3.1 裂缝预测原理与方法

不同的岩石破裂需要利用不同的破裂准则来分析，张裂缝与剪裂缝遵循不同的破裂准则，库伦-纳维叶准则适用于判断岩石是否发生剪裂缝，而格里菲斯准则适用于判断岩石是否发生张裂缝。通过对克深 2 构造的岩心和成像测井构造裂缝的观测，发现克深 2 构造在白垩系巴什基奇克组顶部即断背斜的顶部主要发育张裂缝。由于张裂缝对储层物性改善具有重要意义，本节主要开展张裂缝密度分布的定量预测，因此，本节张裂缝定量预测采用的破裂准则为格里菲斯准则。

格里菲斯准则是由 Griffith（1921）提出的，他认为岩石内部存在随机分布的椭圆状的显微裂隙，在应力作用下，显微裂隙末端形成张应力集中，当张应力大于岩石的抗张强度的时候，显微裂隙进一步扩展成宏观裂缝，进而导致岩石破裂。

格里菲斯准则的平面表达关系式为

当 $\sigma_1 + 3\sigma_3 \geq 0$ 时，$(\sigma_1 - \sigma_3)^2 - 8\sigma_T(\sigma_1 + \sigma_3) = 0$　　　　　　（7.1）

当 $\sigma_1 + 3\sigma_3 < 0$ 时，$\sigma_3 = -\sigma_T$　　　　　　　　　　　　　　（7.2）

裂隙走向与最大主应力的夹角（α）为

当 $\sigma_1 + 3\sigma_3 \geq 0$ 时，$\cos 2\alpha = (\sigma_1 - \sigma_3)/2(\sigma_1 + \sigma_3)$　　　（7.3）

当 $\sigma_1 + 3\sigma_3 < 0$ 时，$\alpha = 0$　　　　　　　　　　　　　　　（7.4）

式中，σ_1 为最大主应力；σ_3 为最小主应力；σ_T 为抗张强度；α 为裂缝走向与最大主应力的夹角。

但是上述公式是二维格里菲斯准则，仅适用于二维模型中张裂缝的判别，其只考虑了最大主应力和最小主应力对岩石张裂缝形成的影响，而忽视了中间主应力对岩石张裂缝形成的作用。因此，在三维模型中，Murrell（1963）对格里菲斯准则进行了空间推广，建立了三维格里菲斯准则。

三维格里菲斯准则的表达关系式为

当 $\sigma_1 + 3\sigma_3 \geq 0$ 时，

$$(\sigma_1 - \sigma_2)^2 + (\sigma_2 - \sigma_3)^2 + (\sigma_1 - \sigma_3)^2 + 24\sigma_T(\sigma_1 + \sigma_2 + \sigma_3) = 0 \qquad （7.5）$$

当 $\sigma_1 + 3\sigma_3 < 0$ 时，$\sigma_3 = -\sigma_T$　　　　　　　　　　　　　（7.6）

式中，最大主应力 σ_1、中间主应力 σ_2 和最小主应力 σ_3 都可以通过三维数值模拟计算出来，而 σ_T 则是"等效张应力"，是与 σ_1、σ_2 和 σ_3 这三个变量相关的变量，依据公式（7.5）计算出来。那么，当 σ_T 大于岩石的抗张强度时，岩石发生破裂、形成张裂缝，σ_T 小于岩石的抗张强度时，岩石不能形成张裂缝。三维格里菲斯准则中，张裂缝的方位是由破裂面与最大主应力 σ_1 之间的夹角来确定的，公式与公式（7.3）和公式（7.4）一致。

为了直观地表明裂缝的发育程度，丁中一等（1998）提出了"破裂值"的概念，并定义为剪应力与抗剪强度的比值，认为比值大于 1 可以形成剪裂缝。不同的是，本节讨论的对象是张裂缝，但相似的是，本次研究引入了张破裂值（I）的概念。本节中定义张破裂值是指等效张应力与抗张强度的比值，其中等效张应力通过数值模拟和格里菲斯准则［公式（7.5）］求取，抗张强度通过岩石劈裂试验求得。

张破裂值（I）的表达公式为

$$I = \sigma_{T} / \sigma_0 \tag{7.7}$$

式中，I代表求取的张破裂值；σ_T代表等效张应力；σ_0代表岩石的抗张强度。

当$I \ll 1$，说明岩石几乎不可能发生张破裂；$I < 1$则表明岩石没有发生张破裂；$I > 1$则说明岩石发生了张破裂；如果$I \gg 1$，意味着早已发生张破裂。张破裂值的大小反映了张破裂发育程度，并且认为高破裂值区表明张裂缝更发育。本次研究中岩石的抗张强度设置为常量 5.6 MPa，取自三个研究区巴什基奇克组砂岩样品的抗张强度的最大值（2.8 MPa、4.6 MPa 和 5.6 MPa）。

传统上对于刚性地块，岩石受力未发生明显变形，当应力超过岩石破裂强度时，即破裂值大于 1 的情况下，岩石发生破裂，形成构造裂缝；而研究区是山前冲断带，构造变形强烈，仅考虑破裂值不能完全反映裂缝发育的所有因素，还需要考虑变形差异性对裂缝发育程度的影响，变形差异性可以通过应变能密度来表征。地质体的不同部位积累的应变能密度不同，也影响着裂缝发育程度，应变能密度越高表明越有利于发育裂缝，因此应变能密度也是表征裂缝发育程度的重要因素（Price，1966；丁中一等，1998；刘鸿文，2004；Yin et al.，2018）。

应变能密度定义为单位体积内的应变能，其计算公式为

$$U = [(\sigma_1^2 + \sigma_2^2 + \sigma_3^2) - 2v(\sigma_1\sigma_2 + \sigma_2\sigma_3 + \sigma_1\sigma_3)]/2E \tag{7.8}$$

其中，U为应变能密度，J/m^3；E为杨氏模量，MPa；v为泊松比。

本节将应变能密度与张裂缝密度建立拟合关系是建立在研究区特殊的地质背景上的，即研究区断背斜转折端的张应变带内的裂缝全部为张裂缝。这也是本次研究认为可以采用应变能密度作为裂缝定量预测的参考变量之一的依据。

如果仅将张破裂值与实测裂缝密度拟合获得的拟合相关系数很低，不能满足定量预测的精度，说明控制裂缝发育程度的因素不仅仅只有破裂强度，还需要考虑应变能。为了实现对克深 2 构造张裂缝发育程度和分布的可靠预测，需要建立岩石张破裂值、应变能密度与实测张裂缝密度的拟合关系。通过数值模拟和格里菲斯准则计算获得岩石的张破裂值和应变能密度，进而与通过 FMI 获得的实测张裂缝密度拟合，建立相关经验公式后，利用所建立的关系对整个克深 2 构造区域进行构造张裂缝发育程度（即裂缝密度）及其分布的定量预测。

此外，裂缝孔隙度和裂缝渗透率也是衡量裂缝发育程度和储层物性改善程度的两个重要参数，本节在张裂缝密度的基础上对张裂缝的孔隙度和渗透率进行定量预测。由于褶皱面的主曲率在一定程度上反映了张裂缝的发育情况，也可以通过主曲率预测裂缝的孔隙度和渗透率（曾锦光等，1982；Aguilera，1999；Özkaya，2002；李志勇等，2004；丁文龙等，2015）。裂缝预测的对象为克深 2 断背斜构造内的张裂缝，因此，通过对克深 2 构造巴什基奇克组构造面的主曲率计算，进而

获得张裂缝的孔隙度和渗透率。

曲率是指曲线上某点的切线方向角对弧长的转动率，用来表示曲线的弯曲程度。在曲面上一点存在无数个法截面，每个法截面与曲面的交线在该点的曲率是该点的法曲率，法曲率的最大值和最小值为该曲面的主曲率。对于曲面 $f(x, y)$，曲面的第一基本形式 [公式（7.9）] 和第二基本形式 [公式（7.10）] 可以分别表示为（李志勇等，2003）

$$f_1(x, y) = Edx^2 + 2Fdxdy + Gdy^2 \qquad (7.9)$$

$$f_2(x, y) = Ldx^2 + 2Mdxdy + Ndy^2 \qquad (7.10)$$

式中，E、F 和 G 为曲面的第一基本量；L、M 和 N 为曲面的第二基本量。

那么，主曲率的计算公式为

$$(EG - F^2)\lambda^2 - (LG - 2MF + NE)\lambda + (LN - M^2) = 0 \qquad (7.11)$$

式中，λ 为曲率值，可以获得两个解：最大主曲率 λ_1 和最小主曲率 λ_2。

依据 Aguilera（1999）的研究，与褶皱相关的张裂缝孔隙度的计算公式为

$$\varphi = h\lambda_1 / 2T \qquad (7.12)$$

式中，φ 为张裂缝的孔隙度；2 为系数，m；h 为岩层的半厚度，m；λ_1 为岩层构造面的最大主曲率，m^{-1}；T 为地层的张裂缝密度，m^{-1}。

在获得张裂缝孔隙度的基础上，进而可以获得张裂缝的渗透率，其计算公式为（Aguilera，1999；丁文龙等，2015）

$$K = \varphi^3 / 12 \qquad (7.13)$$

式中，K 为张裂缝渗透率，mD；φ 为张裂缝孔隙度；12 为系数，单位为 mD^{-1}。

7.3.2　裂缝预测结果与分析

通过三维有限元弹性力学模型的数值模拟可以获得克深 2 构造的应力场，包括最大主应力、最小主应力和中间主应力。通过张破裂值和应变能密度的计算可以获得克深 2 构造的张破裂值和应变能分布，如图 7.8 所示。

从克深 2 构造的张破裂值分布图（图 7.8a）可以看出，张破裂值范围在 0 与 35 之间，几乎整个克深 2 构造的张破裂值都大于 1。张破裂值在克深 2 构造的转折端较大（红色和橙色区域），而向南翼和北翼变小（绿色和蓝色区域），其中在转折端顶部的张破裂值最大，例如转折端区的克深 2 井和克深 208 井的张破裂值大于断背斜南翼的克深 207 井的张破裂值。张破裂值的分布反映出断背斜的不同构造部位对张破裂值的分布具有重要影响。

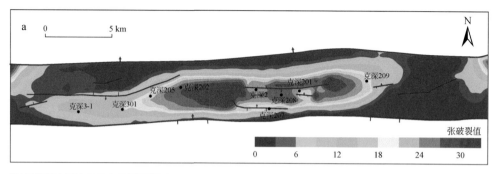

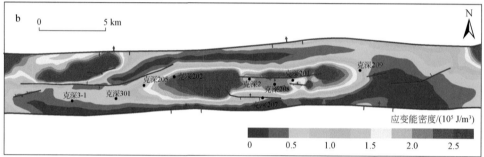

图 7.8 克深 2 构造的张破裂值（a）和应变能密度（b）分布图

从克深 2 构造的应变能密度分布图（图 7.8b）上可以看出，应变能密度值分布范围为 $0 \sim 2.75 \times 10^5$ J/m^3。应变能密度的分布规律与张破裂值的分布特征相似，在克深 2 构造的转折端顶部达到最大值（红色和橙色区域，如克深 2 井、克深 201 井和克深 208 井），并向构造的南翼和北翼减小（绿色和蓝色区域，如克深 205 井和克深 207 井）。

为了建立张破裂值、应变能密度与张裂缝密度的拟合关系，本次研究提取出克深 2 构造的共 9 口井的张破裂值和应变能密度，并通过 Matlab 软件，将其与这些井对应的总的张裂缝密度（$T_{\text{总}}$）进行拟合，拟合关系式为

$$T_{\text{总}} = -13.88 + 3.25I - 15.41U - 0.1674I^2 + 1.306IU \quad (R^2 = 0.95) \qquad (7.14)$$

式中，$T_{\text{总}}$ 为张裂缝总密度，包括充填与未充填的张裂缝；I 为张破裂值，U 为应变能密度。拟合关系的相关系数为 0.95，说明实测张裂缝总密度与张破裂值和应变能密度具有很好的相关性，可以利用这个关系式定量预测张裂缝总密度。

此外，通过 FMI 成像测井资料也可以识别出充填裂缝和未充填裂缝，有效裂缝就是指未充填和半充填的裂缝，在成像测井资料上有效裂缝显示为暗黑色的正弦曲线；无效裂缝在成像测井资料上显示为亮白色的正弦曲线，识别及测量有效裂缝与无效裂缝的方法详见第 3 章，测量的有效张裂缝密度详见表 7.2。

表 7.2 张破裂值、应变能密度、实测裂缝密度、预测裂缝密度及误差统计表

井号	张破裂值	应变能密度/(10^5 J/m^3)	实测张裂缝总密度/m^{-1}	预测张裂缝总密度/m^{-1}	绝对误差/m^{-1}	相对误差/%	实测有效张裂缝密度/m^{-1}	预测有效张裂缝密度/m^{-1}	绝对误差/m^{-1}	相对误差/%
克深 2 井	22.40	1.91	1.79	1.37	0.42	23	1.79	1.31	0.48	27
克深 201 井	20.47	1.75	2.19	2.32	0.13	6	2.13	2.20	0.07	3
克深 202 井	25.42	2.37	2.75	2.72	0.03	1	2.75	2.70	0.05	2
克深 205 井	17.15	1.09	0.18	0.24	0.06	33	0.18	0.13	0.05	28
克深 207 井	13.43	0.68	1.08	1.02	0.06	6	1.08	0.56	0.52	**48**
克深 208 井	23.99	2.12	1.19	1.50	0.31	26	1.19	1.44	0.25	21
克深 209 井	17.32	1.11	0.15	0.20	0.05	33	0.07	0.02	0.02	29
克深 301 井	14.45	0.79	0.87	0.86	0.01	1	0	0.53	0.53	—
克深 3-1 井	11.45	0.59	1.11	1.12	0.01	1	0	0.05	0.05	—

注：张破裂值没有单位，"—"是指结果不能计算，误差较大的情况用粗体表示。

因此，本次研究也进一步拟合了有效张裂缝密度（$T_效$）与张破裂值和应变能密度的关系，拟合关系如下：

$$T_效=-21.92+4.384I-20.39U-0.2026I^2+1.53IU（R^2=0.90）\tag{7.15}$$

式中，$T_效$ 为有效张裂缝密度，包括半充填与未充填的张裂缝；I 为张破裂值，U 为应变能密度。拟合关系的相关系数为 0.90。

基于克深 2 构造的张破裂值分布、应变能密度分布及其与张裂缝总密度（或有效裂缝密度）的关系，就可以对克深 2 构造的总的张裂缝密度或者有效张裂缝密度进行预测，预测结果如图 7.9 所示。结果显示：预测的总的张裂缝密度范围为 0～6 m^{-1}，密度值在断背斜的转折端顶部最大，并由转折端向南翼和北翼逐渐减小（图 7.9a），例如克深 208 井附近的裂缝密度向克深 207 井附近的裂缝密度变化就是逐渐减小；张裂缝主要分布在构造的转折端和南部，在远离转折端的区域内尤其在北部张裂缝不发育，如张裂缝分布图显示的白色区域。这表明张裂缝更易发育在构造高部位及较陡的南翼，而不是相对平缓的北翼。另外，沿着断背斜的枢纽分布的张裂缝密度值也不相同，例如，靠近断层的克深 201 井附近的裂缝密度大于克深 2 井附近的裂缝密度，这也显示出在断层末端区的裂缝密度要大于非断层末端区，断层对裂缝的发育和分布也有一定的影响。

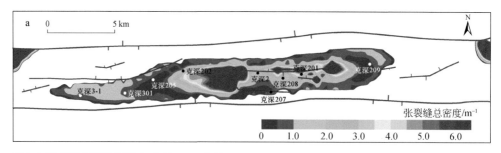

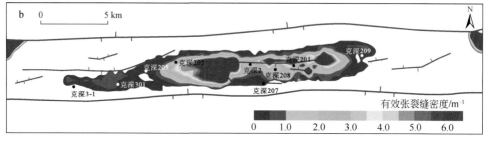

图 7.9　克深 2 构造预测的张裂缝总密度分布（a）和预测的有效张裂缝密度分布（b）

此外，由于有些张裂缝会被充填，本节对有效张裂缝密度也进行了预测（图 7.9b）。预测的有效张裂缝密度分布和发育特征与总的有效裂缝密度相似，不同的是，有效张裂缝的分布范围要比总的张裂缝分布范围小一些。

需要说明的是，张裂缝并不是只要在断层的末端就更发育，如图 7.9a 中所示，在克深 2 构造的西部存在一条大型断层，而张裂缝在其断层末端却并不发育。这就需要理解本书提出的研究区盐下断背斜的裂缝发育模式是垂向分带模式，而不是水平分带模式，褶皱作用在控制裂缝发育方面起主要作用，而断裂作用的影响较弱。克深 2 构造西部的这条大断层位于断背斜的翼部，并不发育张裂缝，所以也并不涉及断层末端对裂缝发育的影响。在断层末端区域位于断背斜的转折端附近时，张裂缝才更发育。综上所述，在克深 2 构造中，我们通过有限元数值模拟和"二元法"预测在断背斜转折端尤其是转折端区域内的断层末端区，张裂缝最发育（图 7.9）。

此外，基于克深 2 构造的白垩系巴什基奇克组顶面构造图，通过公式（7.11）获得巴什基奇克组的最大主曲率分布图（图 7.10a）。在该构造的最大主曲率分布图上，红色区为曲率高值区，而越靠近蓝色的区域，曲率越小，可以看出，曲率在克深 2 构造的南翼较大，而在转折端区域的最大主曲率较小。结合公式（7.11）～公式（7.13）和张裂缝密度（图 7.9a）获得张裂缝的孔隙度和渗透率分布，如图 7.10b 和图 7.10c 所示。张裂缝的孔隙度和渗透率分布规律相似，张裂缝的孔隙度和渗透率在克深 2 构造的转折端偏南翼较高，而在枢纽和北翼较小，这主要与构造转折端偏南翼区域的曲率较高有关。因此，定量预测显示断背斜转折端偏南翼区域为油气勘探的有利区域。另外，本节利用有限元数值模拟获得的最大主压应力方向作为预测的张裂缝走向（图 7.11）。结果显示预测的张裂缝走向呈近东西走向，主要分布在克深 2 构造断背斜的转折端偏南翼区域，平行于枢纽走向，属于纵弯张节理类型的裂缝，与观测的张裂缝走向完全一致。

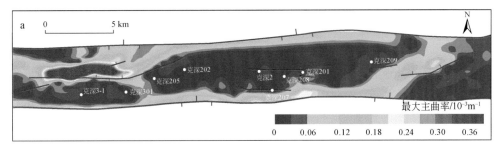

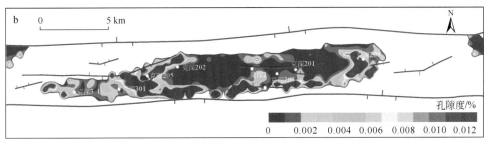

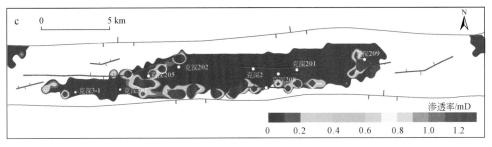

图 7.10　克深 2 构造巴什基奇克组最大主曲率分布图（a）、预测张裂缝孔隙度分布图（b）与预测张裂缝渗透率分布图（c）

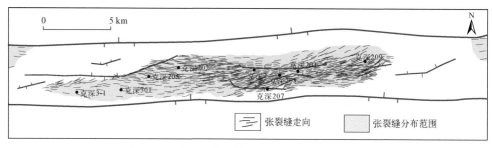

图 7.11　克深 2 构造的预测张裂缝走向分布图

此外，本节针对预测的裂缝密度结果进行误差分析，包括绝对误差分析和相对误差分析两类。通常来说，绝对误差与相对误差越小，结果的可信度越高、结果越可靠。

绝对误差的计算公式为

$$\Delta = |D_P - D_M| \tag{7.16}$$

相对误差的计算公式为

$$\delta = |\Delta| / D_M \times 100\% = |D_P - D_M| / D_M \times 100\% \tag{7.17}$$

式中，Δ 代表绝对误差；δ 代表相对误差；D_P 代表预测的张裂缝密度；D_M 代表实测的张裂缝密度。

根据公式（7.16）和公式（7.17），本节分别计算出克深 2 构造各井的预测张裂缝总密度（或预测有效张裂缝密度）与实测张裂缝总密度（或实测有效张裂缝密度）的绝对误差和相对误差，详见表 7.2。

根据误差结果分析可知：在克深 2 构造中，所有井的预测张裂缝总密度的绝对误差都在 0.5 m^{-1} 之内、相对误差都在 35% 之内；大部分井的预测有效张裂缝密度的绝对误差在 0.5 m^{-1} 之内、相对误差都在 35% 之内，只有两口井绝对误差超过 0.5 m^{-1}（克深 207 井的 0.52 m^{-1} 和克深 301 井的 0.5 m^{-1}）、一口井的相对误差超过 35%（克深 207 井的 48%）。有效张裂缝密度的预测值与实测值的误差相对于张裂缝总密度大一些，可能与在 FMI 成像测井资料上有效裂缝的识别等因素有一定的关系。总体上来说，预测的张裂缝总密度与实测裂缝总密度之间的误差保持在可控范围之内，预测结果可以应用于克深 2 构造巴什基奇克组的油气勘探开发。

7.4　小　　结

本章通过构造裂缝定量预测，为克深 2 构造的白垩系巴什基奇克组张裂缝发育程度与分布的研究提供了基础资料，获得以下主要结论：

（1）运用有限元数值模拟方法，同时结合考虑张破裂值和应变能密度的"二元法"，对库车拗陷克深 2 构造白垩系巴什基奇克组的张裂缝开展定量预测。张裂缝走向平行于枢纽走向，属于纵张节理类型的张裂缝。

（2）克深 2 构造的预测张裂缝密度高值区主要分布在断背斜的转折端偏南翼区域，且转折端偏南翼区域的张裂缝孔隙度和渗透率也相对较大，是致密气开发的有利区域。

第8章 结　语

（1）本书通过对塔里木盆地库车拗陷盐下构造的地震解释分析以及与典型断层调节褶皱模式的对比分析，认为盐下断层并不像前人解释的那样切穿侏罗系煤层，在煤层之下的基底处收敛，而是收敛于煤层，以煤层为滑脱层并作为构造的底界，而煤下则是另一套构造。在具体的地震剖面中，褶皱规模往往大于断层的规模，褶皱是第一级构造，而剖面中大部分逆断层的断距往往都比较小，是次级构造，其发育位置也是在褶皱的核部或翼部。这些次级逆断层规模、断距都较小，不能影响到褶皱的整体几何形态。这些盐下构造的特征与断层调节褶皱非常相似，通过地震解释与分析可以发现，研究区盐下构造属于断层调节褶皱，进一步可以划分为枢纽相关断层调节褶皱（主要位于研究区北部）和翼部逆断层调节褶皱（主要位于研究区南部）。盐下构造为断层调节褶皱，有别于盐上的断层相关褶皱，所以盐下构造与盐上构造是两套截然不同的构造样式，二者的成因机制完全不同。

（2）基于以上两种不同断背斜模式的识别与分析，以膏盐层和煤层两个软弱层为界，研究区垂向上可以划分为三个构造层，自上至下分别为：盐上构造层-断层相关褶皱；盐下构造层-断层调节褶皱，断层作用对背斜的几何学影响不大，褶皱是构造变形的主导因素；煤下构造层-基底构造。水平方向上，研究区北部为基底卷入的厚皮构造，大断层可以切穿侏罗系煤层延伸至基底；中南部为薄皮构造，断层规模相对较小，在煤层处解耦无法继续向下延伸。盐和煤都是本地区的两个浅层的滑脱层，有构造解耦作用，三个构造层相互间影响小，具有各自的变形样式和成因机制。北部地区变形大，控盆断层能够切穿滑脱层（煤层）形成厚皮构造，其他局部小构造无法延伸到基底，因此在中南部形成薄皮构造。

（3）本书以库车拗陷克拉苏构造带的地质剖面为例，开展了构造变形过程的离散元数值模拟，分析了影响盐下构造变形的主要因素及其形成机制。当盐层厚度与实际地质剖面中的盐厚度一致时，有助于促进盐下发生变形，而过厚的盐层不利于研究区盐下构造变形。盐洼陷、基底隆起、先存断层等早期先存构造也可以促进模型北段盐下层序的变形，然而模拟结果表明有先存构造的模拟结果变形量过大，北段先存构造中存在较大的变形，随后的变形也传递到盐层和盐上地层，但不能传递到模型中段和南段的盐下地层中。与实际地质剖面吻合程度最高的最佳模型的模拟结果表明初始状态较简单，与实际剖面的盐层厚度一致且挤压速度较慢模型的模拟结果最接近实际。这表明库车拗陷中生代时期无基底隆起、盐下凹陷和断层等初始先存构造的简单水平地层在喜马拉雅晚期的持续挤压作用下，经过缓慢的缩短变形可以演化成现今的复杂断背斜构造。

离散元数值模拟变形过程表明研究区盐下地层经历了不对称褶皱初步形成—前翼局部破裂形成断层—前翼断层规模增大和核部枢纽附近形成断层的过程。整个变形过程清晰可信地向我们展示了研究区盐下构造发育的过程，即先形成初始褶皱，之后随着褶皱进一步扩大变形，前翼逐渐倒转通过剪切调节变形量而形成翼部逆断层，在褶皱变形后期，褶皱更加紧闭，其核部枢纽附近也产生了逆断层。这些断层伴随着褶皱发育逐步形成且并未严重影响背斜的基本样式。这个过程与前翼剪切断层调节褶皱发育模式非常相似，说明研究区盐下构造变形过程是"先褶后断"的断层调节褶皱的形成过程。研究区盐下构造中位于前翼的构造属于翼部逆断层调节褶皱，而位于核部附近的构造则属于枢纽相关断层调节褶皱。

（4）利用平衡剖面恢复与分析方法重建了研究区中-新生代构造演化剖面。研究区中生代构造背景非常平静，地层无明显变形。在喜马拉雅早期的区域性弱挤压作用下，南天山开始隆升，导致研究区地层发生一定程度的变形，形成了盐下地层挠曲和宽缓的初始褶皱。喜马拉雅晚期开始，研究区经历了强烈的构造变形，盐下初始褶皱进一步扩大变形，形成了若干褶皱并在内部发育了一系列次级断层，发生逆冲或反冲而形成盐下断背斜。构造演化剖面清晰地展示了研究区中-新生代地层逐渐变形形成褶皱并最终强烈变形产生次级断层的过程，与断层调节褶皱的形成过程一致。

（5）本书提出了库车拗陷盐下构造的应变垂向分带模式。认为双中和面"有限中和面"和"增量中和面"控制了盐下断背斜的应变垂向分带。有限中和面之上为张应变带；增量中和面之下为压应变带；有限中和面和应变中和面之间为弱应变的过渡带。

（6）本书还探讨了岩石力学参数对断背斜应变带的影响。随着杨氏模量增大，张应变带的宽度和厚度逐渐变大。随着黏度比增大，张应变带的宽度和厚度也逐渐增加。

（7）克深 2 构造的张裂缝定量预测结果显示，预测的张裂缝密度在断背斜的转折端顶部最大，并由转折端向南翼和北翼逐渐减小；在断层末端区域张裂缝密度也较大；裂缝的孔隙度和渗透率在转折端偏南翼区域大。最后本书提出库车拗陷盐下断背斜的转折端偏南翼区域是致密砂岩气勘探开发的有利区域。

参考文献

边海光，靳久强，李本亮，等.2011.库车拗陷克拉苏构造带构造变换形成机制［J］.科学技术与工程，17（11）：3919-3922.

陈楚铭，卢华复，贾东，等.1999.塔里木盆地北缘库车再生前陆褶皱逆冲带中秋里塔格前锋带的构造与油气［J］.地质论评，45（4）：423-432.

代春萌，曾庆才，郭晓龙，等.2017.塔里木盆地库车拗陷克深气田构造特征及其对气藏的控制作用［J］.天然气勘探与开发，40（1）：17-22.

邓洪旦.2013.褶皱相关断裂发育模型和实例研究［D］.北京：中国地质大学（北京）.

邓洪旦，张长厚，邓洪菱，等.2012.褶皱相关断裂构造形成条件与发育机制：燕山中部露头尺度变形研究为例［J］.地学前缘，19（5）：61-75.

邓洪菱，张长厚，李海龙，等.2009.褶皱相关断裂构造及其地质意义［J］.自然科学进展，19（3）：285-296.

丁文龙，王兴华，胡秋嘉，等.2015.致密砂岩储层裂缝研究进展［J］.地球科学进展，30（7）：737-750.

丁中一，钱祥麟，霍红.1998.构造裂缝定量预测的一种新方法——二元法［J］.石油与天然气地质，19（1）：1-14.

段云江，黄少英，李维波，等.2017.用离散元数值模拟法研究克拉苏构造带盐构造变形机理［J］.新疆石油地质，38（4）：414-419.

范增辉，刘树根，范存辉，等.2018.龙门山褶皱冲断带典型地震剖面平衡剖面恢复及构造演化分析［J］.地质论评，64（2）：347-360.

方晓刚，王珂，张荣虎，等.2017.超深致密裂缝性砂岩气藏储层裂缝预测研究——以库车拗陷克深8气藏为例［J］.天然气技术与经济，11（3）：11-14.

高文杰，李贤庆，张光武，等.2018.塔里木盆地库车拗陷克拉苏构造带深层致密砂岩气藏储层致密化与成藏关系［J］.天然气地球科学，29（2）：226-235.

高志勇，王晓琦，李建明，等.2018.库车拗陷克拉苏构造带白垩系储层孔喉组合类型定量表征与展布［J］.石油学报，39（6）：645-659.

龚艳萍，尹宏伟，汪新，等.2014.西昆仑山前柯东构造带变形特征、机制及物理模拟［J］.石油实验地质，36（3）：299-303.

管树巍，陈竹新，李本亮，等.2010.再论库车克拉苏深部构造的性质与解释模型［J］.石油勘探与开发，37（5）：531-551.

郭卫星，漆家福，李明刚，等.2010. 库车拗陷克拉苏构造带的反转构造及其形成机制 [J]. 石油学报，31（3）：379-385.

何春波，汤良杰，黄太柱，等.2009. 塔里木盆地塔中低凸起滑脱构造与分层构造变形 [J]. 现代地质，23（6）：1085-1092.

何登发，贾承造，李德生，等.2005. 塔里木多旋回叠合盆地的形成与演化 [J]. 石油与天然气地质，26（1）：64-77.

何光玉，赵庆，李树新，等.2006. 塔里木库车盆地中生代原型分析 [J]. 地质科学，41（1）：44-53.

和平，李志雄，陆远忠，等.2011. 断层面的有限单元模拟方法综述 [J]. 地震工程学报，33（2）：186-194.

侯贵廷.1994. 构造裂缝的分形分析方法 [J]. 应用基础与工程科学，2（4）：299-305.

侯贵廷，潘文庆.2013. 裂缝地质建模及力学机制 [M]. 北京：科学出版社.

侯贵廷，孙雄伟，鞠玮.2019a. 库车拗陷致密砂岩裂缝定量解析 [M]. 北京：科学出版社.

侯贵廷，孙帅，郑淳方，等.2019b. 克拉苏构造带克深区段盐下构造样式 [J]. 新疆石油地质，（1）：21-26.

贾承造.1999. 塔里木盆地构造特征与油气聚集规律 [J]. 新疆石油地质，20（3）：177-183.

贾承造，魏国齐.2002. 塔里木盆地构造特征与含油气性 [J]. 科学通报，47（S1）：1-8.

贾承造，陈汉林，杨树峰，等.2003. 库车拗陷晚白垩世隆升过程及其地质响应 [J]. 石油学报，24（3）：1-5.

鞠玮，侯贵廷，黄少英，等.2013. 库车拗陷依南-吐孜地区下侏罗统阿合组砂岩构造裂缝分布预测 [J]. 大地构造与成矿学，（4）：592-602.

鞠玮，侯贵廷，黄少英，等.2014. 断层相关褶皱对砂岩构造裂缝发育的控制约束 [J]. 高校地质学报，（1）：105-113.

雷刚林，谢会文，张敬洲，等.2007. 库车拗陷克拉苏构造带构造特征及天然气勘探 [J]. 石油与天然气地质，28（6）：816-835.

李凤娇.2017. 应用软件编制平衡剖面流程及其应用 [J]. 化工管理，（8）：41-42.

李维波，李江海，王洪浩，等.2017. 库车山前冲断带克拉苏构造带变形影响因素分析——基于离散元数值模拟研究 [J]. 大地构造与成矿学，41（6）：1001-1010.

李艳友，漆家福.2012. 库车拗陷克拉苏构造带分层缩短构造变形及其主控因素 [J]. 地质科学，47（3）：607-617.

李艳友，漆家福.2013. 库车拗陷克拉苏构造带大北—克深区段差异变形特征及其成因分析 [J]. 地质科学，48（4）：1177-1186.

李勇，漆家福，师俊，等.2017. 塔里木盆地库车拗陷中生代盆地性状及成因分析 [J]. 大地构造与成矿学，41（5）：829-842.

李曰俊, 杨海军, 赵岩, 等. 2009. 南天山区域大地构造与演化 [J]. 大地构造与成矿学, 33 (1): 94-104.

李志勇, 曾佐勋, 罗文强. 2003. 裂缝预测主曲率法的新探索 [J]. 石油勘探与开发, 30 (6): 83-85.

李志勇, 曾佐勋, 罗文强. 2004. 褶皱构造的曲率分析及其裂缝估算——以江汉盆地王场褶皱为例 [J]. 吉林大学学报 (地球科学版), 34 (4): 517-521.

李忠, 张丽娟, 寿建峰, 等. 2009. 构造应变与砂岩成岩的构造非均质性——以塔里木盆地库车坳陷研究为例 [J]. 岩石学报, 25 (10): 2320-2330.

刘和甫, 汪泽成, 熊保贤, 等. 2000. 中国中西部中、新生代前陆盆地与挤压造山带耦合分析 [J]. 地学前缘, 7 (3): 55-72.

刘洪涛, 曾联波. 2004. 喜马拉雅运动在塔里木盆地库车坳陷的表现——来自岩石声发射实验的证据 [J]. 地质通报, 23 (7): 676-679.

刘鸿文. 2004. 材料力学 [M]. 北京: 高等教育出版社.

刘剑平, 汪新文. 2000. 伸展地区变换构造研究进展 [J]. 地质科技情报, 19 (3): 27-32.

刘卫. 2015. 平衡剖面技术在地震解释中的应用 [J]. 中国煤炭地质, 27 (5): 63-65.

刘志宏, 卢华复, 贾承造, 等. 1999. 库车前陆盆地克拉苏构造带的构造特征与油气 [J]. 长春科技大学学报, 29 (3): 215-221.

刘志宏, 卢华复, 李西建, 等. 2000. 库车再生前陆盆地的构造演化 [J]. 地质科学, 35 (4): 482-492.

刘志宏, 刘正宏, 梁一鸿, 等. 2011. 构造地质学 [M]. 北京: 地质出版社.

卢华复, 贾东, 陈楚铭, 等. 1999. 库车新生代构造性质和变形时间 [J]. 地学前缘, 6 (4): 215-221.

卢华复, 陈楚铭, 刘志宏, 等. 2000. 库车再生前陆逆冲带的构造特征与成因 [J]. 石油学报, 21 (3): 18-24.

卢华复, 贾承造, 贾东, 等. 2001. 库车再生前陆盆地冲断构造楔特征 [J]. 高校地质学报, 7 (3): 257-271.

卢华复, 马宝军, 汤良杰, 等. 2008. 库车坳陷西段盐构造形成主控因素 [J]. 石油勘探与开发, 35 (1): 23-27.

毛亚昆, 钟大康, 李勇, 等. 2017. 构造挤压背景下深层砂岩压实分异特征——以塔里木盆地库车山前冲断带白垩系储层为例 [J]. 石油与天然气地质, 38 (6): 1113-1122.

孟令森, 尹宏伟, 张洁, 等. 2007. 岩石强度和应变速率对水平挤压变形影响的离散元模拟 [J]. 岩石学报, 11: 2918-2926.

能源, 漆家福, 谢会文, 等. 2012. 塔里木盆地库车坳陷北部边缘构造特征 [J]. 地质通报, 31 (9): 1510-1519.

能源，谢会文，孙太荣，等.2013.克拉苏构造带克深段构造特征及其石油地质意义［J］.中国
　　石油勘探，18（2）：1-6.

漆家福，雷刚林，李明刚，等.2009.库车拗陷克拉苏构造带的结构模型及其形成机制［J］.大
　　地构造与成矿学，33（1）：49-56.

钱祥麟.2014.新生代板内造山作用研究——认识中国区域地质构造基本特征的关键［J］.地学
　　前缘，11（3）：221-225.

石刚.2010.库车拗陷构造演化对油气成藏的影响［D］.北京：中国地质大学（北京）.

寿建峰，斯春松，朱国华，等.2001.塔里木盆地库车拗陷下侏罗统砂岩储层性质的控制因素［J］.
　　地质论评，17（3）：272-277.

寿建峰，斯春松，张达.2004.库车拗陷下侏罗统岩石古应力场与砂岩储层性质［J］.地球学报，
　　25（6）：447-452.

汤良杰，金之钧，贾承造，等.2004.库车前陆褶皱-冲断带前缘大型盐推覆构造［J］.地质学
　　报，78（1）：7-25.

汤良杰，李京昌，余一欣，等.2006.库车前陆褶皱-冲断带盐构造差异变形和分段性特征探讨［J］.
　　地质学报，80（3）：313-320.

田军.2019.塔里木盆地油气勘探成果与勘探方向［J］.新疆石油地质，40（1）：1-11.

田作基，宋建国.1999.塔里木库车新生代前陆盆地构造特征及形成演化［J］.石油学报，（4）：
　　7-13.

汪新，贾承造，杨树锋.2002.南天山库车冲断褶皱带构造变形时间——以库车河地区为例［J］.
　　地质学报，76（1）：55-62.

汪新，唐鹏程，谢会文，等.2009.库车拗陷西段新生代盐构造特征及演化［J］.大地构造与成
　　矿学，33（1）：57-65.

汪新，王招明，谢会文，等.2010.塔里木库车拗陷新生代盐构造解析及其变形模拟［J］.中国
　　科学：地球科学，40（12）：1655-1668.

王步清，黄智斌，马培领，等.2009.塔里木盆地构造单元划分标准、依据和原则的建立［J］.大
　　地构造与成矿，33（1）：86-93.

王珂，戴俊生，王俊鹏，等.2016a.塔里木盆地克深2气田储层构造裂缝定量预测［J］.大地
　　构造与成矿学，40（6）：1123-1135.

王珂，张荣虎，戴俊生，等.2016b.库车拗陷克深2气田低渗透砂岩储层裂缝发育特征［J］.油
　　气地质与采收率，23（1）：53-60.

王月然，魏红兴，蒋荣敏，等.2009.库车拗陷中段盐相关构造形成控制因素［J］.大地构造与
　　成矿学，33（1）：66-75.

王招明，谢会文，李勇，等.2013.库车山前冲断带深层盐下大气田的勘探和发现［J］.中国石
　　油勘探，18（3）：1-11.

王子煜.2002.库车拗陷西部中新生代地层岩石物理和力学性质［J］.地球物理学进展,17（3）:399-405.

韦振权,张莉,帅庆伟,等.2018.平衡剖面技术在台湾海峡盆地西部构造演化研究中的应用［J］.海洋地质与第四纪地质,38（5）:193-201.

邬光辉,王招明,刘玉魁,等.2004.塔里木盆地库车拗陷盐构造运动学特征［J］.地质论评,50（5）:476-483.

邬光辉,罗春树,胡太平,等.2007.褶皱相关断层——以库车拗陷新生界盐上构造层为例［J］.地质科学,3:84-93.

谢会文,陈竹新,李勇,等.2012.塔里木盆地西秋-却勒冲断褶皱带地质结构特征及油气勘探区带［J］.石油学报,（6）:932-940.

谢会文,吴珍云,能源,等.2014.同构造沉积速率对先存被动盐底辟挤压变形的影响:库车拗陷西秋里塔格构造带盐构造分析及物理模拟［J］.高校地质学报,20（4）:611-622.

谢会文,尹宏伟,唐雁刚,等.2015.基于面积深度法对克拉苏构造带中部盐下构造的研究［J］.大地构造与成矿学,39（6）:1033-1040.

徐振平,谢会文,李勇,等.2012.库车拗陷克拉苏构造带盐下差异构造变形特征及控制因素［J］.天然气地球科学,23（6）:1034-1038.

杨庚,钱祥麟.1995.库车拗陷沉降与天山中新生代构造活动［J］.新疆地质,（3）:264-274.

杨庚,钱祥麟,郭华.2003.塔里木北缘库车陆内挠曲盆地构造演化与油气远景评价［M］.北京:地质出版社.

杨海军,张荣虎,杨宪彰,等.2018.超深层致密砂岩构造裂缝特征及其对储层的改造作用——以塔里木盆地库车拗陷克深气田白垩系为例［J］.天然气地球科学,29（7）:942-950.

杨海军,李勇,唐雁刚,等.2019.塔里木盆地克拉苏盐下深层大气田的发现［J］.新疆石油地质,40（1）:12-20.

杨克基.2017.库车拗陷中段盐构造差异变形及其控制因素研究［D］.北京:中国石油大学（北京）.

杨克基,漆家福,马宝军,等.2018.库车拗陷克拉苏构造带盐上和盐下构造变形差异及其控制因素分析［J］.大地构造与成矿学,42（2）:211-224.

杨茂智,刘军,刘永雷,等.2015.库车山前冲断带双滑脱构造发育特点分析［J］.石油地质与工程,29（2）:15-18.

杨涛,张健强.2017.构造解释技术在库车山前冲断带的运用及效果［J］.化工设计通讯,43（7）:232.

尹宏伟,王哲,汪新,等.2011.库车前陆盆地新生代盐构造特征及形成机制:物理模拟和讨论［J］.高校地质学报,17（2）:308-317.

于璇,侯贵廷,能源,等.2016a.库车拗陷构造裂缝发育特征及分布规律［J］.高校地质学报,

22（4）：644-656.

于璇，侯贵廷，李勇，等.2016b.迪北气田三维探区下侏罗统阿合组裂缝定量预测［J］.地学前缘，23（1）：240-252.

余海波，漆家福，杨宪彰，等.2016.塔里木盆地库车拗陷中生代原型盆地分析［J］.新疆石油地质，37（6）：644-653.

余一欣，王鹏万.2009.库车山前冲断带盐构造区平衡剖面研究［J］.海相油气地质，14（1）：57-60.

余一欣，汤良杰，杨文静，等.2007.库车前陆褶皱-冲断带前缘盐构造分段差异变形特征［J］.地质学报，81（2）：166-173.

余一欣，汤良杰，殷进垠，等.2008.应用平衡剖面技术分析库车拗陷盐构造运动学特征［J］.石油学报，3：378-382.

曾锦光，罗元华，陈太源.1982.应用构造面主曲率研究油气藏裂缝问题［J］.力学学报，18（2）：94-98.

曾联波，谭成轩，张明利.2004.塔里木盆地库车拗陷中新生代构造应力场及其油气运聚效应［J］.中国科学（D辑），34（z1）：98-106.

詹彦，侯贵廷.2014.库车拗陷东部侏罗系砂岩构造裂缝定量预测［J］.高校地质学报，20（2）：294-302.

张传恒，李红生.2002.南天山造山带中段古生界构造地层研究新进展［J］.地质论评，48（1）：9-14

张良臣，吴乃元.1985.天山地质构造及演化史［J］.新疆地质，3（3）：1-14.

张荣虎，王珂，王俊鹏，等.2018.塔里木盆地库车拗陷克深构造带克深8区块裂缝性低孔砂岩储层地质模型［J］.天然气地球科学，29（9）：1264-1273.

张荣虎，曾庆鲁，李君，等.2019.库车拗陷克拉苏构造带白垩系储集层多期溶蚀物理模拟［J］.新疆石油地质，40（1）：34-40.

张涛.2014.天山南麓库车拗陷新生代高精度磁性地层与构造演化［D］.兰州：兰州大学.

张玮，徐振平，赵凤全，等.2019.库车拗陷东部构造变形样式及演化特征［J］.新疆石油地质，40（1）：48-53.

张希晨，罗良，杨克基，等.2018.库车拗陷含夹层盐构造变形物理模拟［J］.断块油气田，25（3）：328-331.

张仲培，王清晨.2004.库车拗陷节理和剪切破裂发育特征及其对区域应力场转换的指示［J］.中国科学（D辑），34（z1）：63-73.

张仲培，王清晨，王毅，等.2006.库车拗陷脆性构造序列及其对构造古应力的指示［J］.地球科学，31（3）：309-316.

郑淳方，侯贵廷，詹彦，等.2016.库车拗陷新生代构造应力场恢复［J］.地质通报，1：130-139.

周新桂，邓宏文，操成杰，等. 2003. 储层构造裂缝定量预测研究及评价方法 [J]. 地球学报，24（2）：175-180.

邹才能. 2014. 非常规油气地质学. 北京：地质出版社.

Aguilera R. 1999. Naturally fractured reservoir [M]. Tulsa，OK：Penn Well Books.

Akrout D，Cobbold P R，Ahmadi R，et al. 2016. Physical modelling of sub-salt gliding due to fluid overpressure in underlying sedimentary strata [J]. Marine and Petroleum Geology，72：139-155.

Albertz M，Lingrey S. 2012. Critical state finite element models of contractional fault-related folding：Part 1. Structural analysis [J]. Tectonophysics，576：133-149.

Ameen M S，MacPherson K，Al-Marhoon M I，et al. 2012. Diverse fracture properties and their impact on performance in conventional and tight-gas reservoirs，Saudi Arabia：the Unayzah，South Haradh case study [J]. American Association of Petroleum Geologists Bulletin，96（3）：459-492.

Antonellini M A，Pollard D D. 1995. Distinct element modeling of deformation bands in sandstone [J]. Journal of Structural Geology，17（8）：1165-1182.

Bernard S，Avouac J P，Dominguez S，et al. 2007. Kinematics of fault-related folding derived from a sandbox experiment [J]. Journal of Geophysical Research：Solid Earth，112（B3）：1-12.

Bonini M. 2007. Deformation patterns and structural vergence in brittle–ductile thrust wedges：an additional analogue modelling perspective [J]. Journal of Structural Geology，29（1）：141-158.

Bonnet C，Malavieille J，Mosar J. 2007. Interactions between tectonics，erosion，and sedimentation during the recent evolution of the Alpine orogen：analogue modeling insights [J]. Tectonics，26（6）：34-47.

Camborde F，Mariotti C，Donze F V. 2000. Numerical study of rock and concrete behaviour bydiscrete element modelling [J]. Computers and Geotechnics，27：225-247.

Cardozo N，Bhalla K，Zehnder A T，et al. 2003. Mechanical models of fault propagation folds and comparison to the trishear kinematic model [J]. Journal of Structural Geology，25（1）：1-18.

Chemenda A，Déverchère J，Calais E. 2002. Three-dimensional laboratory modelling of rifting：application to the Baikal rift，Russia [J]. Tectonophysics，356（4）：253-273.

Chopra S，Marfurt K J. 2007. Volumetric curvature-attribute applications for detection of fracture lineaments and their calibration [J]. Geohorizons：27-31.

Couzens-Schultz B A，Vendeville B C，Wiltschko D V. 2003. Duplex style and triangle zone formation：insights from physical modeling[J]. Journal of Structural Geology，25（10）：1623-1644.

Cundall P A，Strack O D L. 1979. A discrete numerical model for granular assemblies [J]. Geotechnique，29：47-65.

De Sitter L. 1956. Structural geology [M]. New York：McGraw-Hill Companies.

Dean S L，Morgan J K，Fournier T. 2013. Geometries of frontal fold and thrust belts：insights from discrete element simulations [J]. Journal of Structural Geology, 53: 43-53.

Deng H L, Zhang C H, Koyi H A. 2013. Identifying the characteristic signatures of fold-accommodation faults [J]. Journal of Structural Geology, 56: 1-19.

Donze F, Magnier S A, Bouchez J. 1996. Numerical modelling of a highly explosive source in an elastic-brittle rock mass [J]. Journal of Geophysical Research, 101 (2): 3103-3112.

Eckert A, Connolly P, Liu X L. 2014. Large-scale mechanical buckle fold development and the initiation of tensile fractures [J]. Geochemistry, Geophysics, Geosystems, 15 (11): 4570-4587.

Eckert A, Liu X L, Connolly P. 2016. Pore pressure evolution and fluid flow during visco-elastic single-layer buckle folding [J]. Geofluids, 16 (2): 231-248.

Epard J L, Groshong R H. 1995. Kinematic model of detachment folding including limb rotation, fixed hinges and layer-parallel strain [J]. Tectonophysics, 247 (1): 85-103.

Erickson S G, Strayer L M, Suppe J. 2001. Initiation and reactivation of faults during movement over a thrust-fault ramp: numerical mechanical models [J]. Journal of Structural Geology, 23 (1): 11-23.

Finch E, Hardy S, Gawthorpe R. 2004. Discrete-element modelling of extensional fault-propagation folding above rigid basement fault blocks [J]. Basin Research, 16 (4): 467-488.

Frehner M. 2011. The neutral lines in buckle folds [J]. Journal of Structural Geology, 33 (10): 1501-1508.

Griffith A A. 1921. The phenomena of rupture and flow in solids [J]. Philosophical Transactions of the Royal Society of London, 221 (2): 163-198.

Guo Y G, Morgan J K. 2004. Influence of normal stress and grain shape on granular friction: results of discrete element simulations [J]. Journal of Geophysical Research: Solid Earth, 109 (B12): 159-163.

Henk A, Nemčok M. 2008. Stress and fracture prediction in inverted half-graben structures [J]. Journal of Structural Geology, 30 (1): 81-97.

Hou G T, Wang C C, Li J H, et al. 2006. Late Paleoproterozoic extension and a paleostress field reconstruction of the North China Craton [J]. Tectonophysics, 422 (1): 89-98.

Hou G T, Kusky T M, Wang C C, et al. 2010a. Mechanics of the giant radiating Mackenzie dyke swarm: a paleostress field modeling[J]. Journal of Geophysical Research: Solid Earth, 115(B2): 1448-1470.

Hou G T, Wang Y X, Hari K R. 2010b. The Late Triassic and Late Jurassic stress fields and tectonic transmission of North China craton [J]. Journal of Geodynamics, 50 (3): 318-324.

Hughes A N, Benesh N P, Shaw J H. 2014. Factors that control the development of fault-bend versus fault-propagation folds: insights from mechanical models based on the discrete element method (DEM) [J]. Journal of Structural Geology, 68: 121-141.

Iwashita K, Oda M. 2000. Micro-deformation mechanism of shear banding process based on modified distinct element method [J]. Powder Technology, 109: 192-205.

Jäger P, Schmalholz S M, Schmid D W, et al. 2008. Brittle fracture during folding of rocks: a finite element study [J]. Philosophical Magazine, 88 (28-29): 3245-3263.

Ju W, Sun W F. 2016. Tectonic fractures in the lower Cretaceous Xiagou Formation of Qingxi oilfield, Jiuxi basin, NW China Part one: characteristics and controlling factors [J]. Journal of Petroleum Science and Engineering, 146: 617-625.

Ju W, Hou G T, Hari K R. 2013. Mechanics of mafic dyke swarms in the Deccan large igneous province: palaeostress field modelling [J]. Journal of Geodynamics, 66 (2): 79-91.

Ju W, Hou G T, Zhang B. 2014. Insights into the damage zones in fault-bend folds from geomechanical models and field data [J]. Tectonophysics, 610: 182-194.

Koyi H A, Ghasemi A, Hessami K, et al. 2008. The mechanical relationship between strike-slip faults and salt diapirs in the Zagros fold-thrust belt [J]. Journal of the Geological Society, 165 (6): 1031-1044.

Li J J, Mitra S. 2017. Geometry and evolution of fold-thrust structures at the boundaries between frictional and ductile detachments [J]. Marine and Petroleum Geology, 85: 16-34.

Li Y, Hou G T, Hari K R. et al. 2018. The model of fracture development in the faulted folds: the role of folding and faulting [J]. Marine and Petroleum Geology, 89 (2): 243-251.

Li Y Y, Qi J F. 2012. Salt-related contractional structure and its main controlling factors of Kelasu structural zone in Kuqa depression: insights from physical and numerical experiments[J]. Procedia Engineering, 31: 863-867.

Lisle R J. 1994. Detection of zones of abnormal strains in structures using Gaussian curvature analysis [J]. American Association of Petroleum Geologists Bulletin, 78: 1811-1819.

Liu J S, Ding W L, Yang H M, et al. 2018. Quantitative prediction of fractures using the finite element method: a case study of the lower Silurian Longmaxi Formation in northern Guizhou, South China [J]. Journal of Asian Earth Sciences, 154: 397-418.

Liu W R, Wang X, Li C M. 2019. Numerical study of damage evolution law of coal mine roadway by Particle Flow Code (PFC) model [J]. Geotechnical and Geological Engineering, 4: 21-30.

Liu X L, Eckert A, Connolly P. 2016. Stress evolution during 3D single-layer-elasticbuckle folding: implications for the initiation of fractures [J]. Tectonophysics, 679: 140-155.

Luján M, Storti F, Balanyá J C, et al. 2003. Role of décollement material with different rheological properties in the structure of the Aljibe thrust imbricate (Flysch Trough, Gibraltar Arc): an analogue modelling approach [J]. Journal of Structural Geology, 25 (6): 867-882.

McClay K R, Whitehouse P S, Dooley T, et al. 2004. 3D evolution of fold and thrust belts formed by oblique convergence [J]. Marine and Petroleum Geology, 21 (7): 857-877.

Mitra S. 2002. Fold-accommodation faults [J]. American Association of Petroleum Geologists Bulletin, 86 (4): 671-694.

Morgan J K, McGovern P J. 2005. Discrete element simulations of gravitational volcanic deformation: deformation structures and geometries [J]. Journal of Geophysical Research, 110 (B5): 2701-2711.

Mourgues R, Cobbold P R. 2006. Thrust wedges and fluid overpressures: sandbox models involving pore fluids [J]. Journal of Geophysical Research: Solid Earth, 111 (B5): 1-15.

Murrell S A F. 1963. A criterion for brittle fracture of rocks and concrete under triaxial stress and the effect of pore pressure on the criterion [M] //Fairhurst C. Proceedings of the 5th U. S. symposium on rock mechanics. New York: Pergamon Press: 563-577.

Naylor M, Sinclair H D, Willett P A, et al. 2005. A discrete element model for orogenesis and accretionary wedge growth [J]. Journal of Geophysical Research, 110 (B12): 238-239.

Özkaya S. 2002. CURVAZ—a program to calculate magnitude and direction of maximum structural curvature and fracture-flow index [J]. Computers & Geosciences, 28 (3): 399-407.

Price N J. 1966. Fault and joint development in brittle and semi brittle rock [M]. Oxford: Pergamon Press.

Ramsay J G. 1967. Folding and fracturing of rocks [M]. New York: McGraw-Hill Companies.

Ramsay J G. 1974. Development of chevron folds [J]. Geological Society of America Bulletin, 85 (11): 1741-1754.

Ramsay J G, Huber M I. 1987. The techniques of modern structural geology (Vol. 2) [M]. London: Academic Press.

Rich J L. 1934. Mechanics of low-angle overthrust faulting as illustrated by Cumberland thrust block, Virginia, Kentucky, and Tennessee [J]. American Association of Petroleum Geologists Bulletin, 18 (12): 1584-1596.

Richard W. 1998. Inverse and forward numerical modeling of trishear fault propagation folds [J]. Tectonics, 17 (4): 23-35.

Saltzer S D, Pollard D D. 1992. Distinct element modeling of structures formed in sedimentary overburden by extensional reactivation of basement normal faults [J]. Tectonics, 11 (1): 165-174.

Scott D R. 1996. Seismicity and stress rotation in a granular model of the brittle crust [J]. Nature, 381 (6583): 592-595.

Shaban A, Sherkati S, Miri S A. 2011. Comparison between curvature and 3D strain analysis methods for fracture predicting in the Gachsaran oil field (Iran) [J]. Geological Magazine, 148 (5-6): 868-878.

Shaw J H，Connors C D，Suppe J. 2005. Seismic interpretation of contractional fault-related folds: an AAPG seismic atlas ［M］. Tulsa: American Association of Petroleum Geologists.

Sherkati S，Letouzey J，Frizon de Lamotte D. 2006. Central Zagros fold-thrust belt（Iran）: new insights from seismic data，field observation，and sandbox modeling ［J］. Tectonics，25（4）: 56-66.

Sigismondi E M，Soldo C J. 2003. Curvature attributes and seismic interpretation［J］. Leading Edge，22（11）: 1122-1126.

Simpson G H. 2006. Modelling interactions between fold-thrust belt deformation，foreland flexure and surface mass transport ［J］. Basin Research，18（2）: 125-143.

Smart K J，Ferrill D A，Morris A P. 2009. Impact of interlayer slip on fracture prediction from geomechanical models of fault-related folds ［J］. American Association of Petroleum Geologists Bulletin，93（11）: 1447-1458.

Snow D T. 1969. Anisotropie permeability of fractured media［J］. Water Resources Research，5（6）: 1273-1289.

Storti F，Salvini F. 1997. Fault-related folding in sandbox analogue models of thrust wedges ［J］. Journal of Structural Geology，19（3-4）: 78-82.

Strayer L M，Huddleston P J. 1997. Numerical modelling of fold initiation at thrust ramps［J］. Journal of Structural Geology，19（3-4）: 551-566.

Strayer L M，Suppe J. 2002. Out-of-plane motion of a thrust sheet during along-strike propagation of a thrust ramp: a distinct-element approach ［J］. Journal of Structural Geology，24（4）: 637-650.

Sun S，Hou G T，Hari K R，et al. 2017. Mechanism of Paleo-Mesoproterozoic rifts related to breakup of Columbia supercontinent: a paleostress field modeling ［J］. Journal of Geodynamics，107: 46-60.

Sun S，Hou G T，Zheng C F. 2018. Fracture zones constrained by neutral surfaces in a fault-related fold: insights from the Kelasu tectonic zone，Kuqa Depression［J］. Journal of Structural Geology，104: 112-124.

Suppe J. 1983. Geometry and kinematics of fault-bend folding［J］. American Journal of Science，283（7）: 684-721.

Suppe J，Medwedeff A. 1990. Geometry and kinematics of fault-propagation folding ［J］. Eclogae Geologicae Helvetiae，83（3）: 409-454.

Tian W L，Yang S Q，Huang Y H. 2018. Macro and micro mechanics behavior of granite after heat treatment by cluster model in particle flow code ［J］. Acta Mechanica Sinica，34（1）: 175-186.

Torabi A，Berg S S. 2011. Scaling of fault attributes: a review ［J］. Marine and Petroleum Geology，28（8）: 1444-1460.

Viruete J E，Carbonell R，Jurado M J，et al. 2001. Two-dimensional geostatistical modeling and prediction of the fracture system in the Albala Granitic Pluton，SW Iberian Massif，Spain ［J］.

Journal of Structural Geology，23（12）：2011-2023.

Wrede V. 2005. Thrusting in a folded regime：fold accommodation faults in the Ruhr basin，Germany［J］. Journal of Structural Geology，27（5）：789-803.

Wu Z Y，Yin H W，Wang X. 2014. Characteristics and deformation mechanism of salt-related structures in the western Kuqa depression，Tarim basin：insights from scaled sandbox modeling［J］. Tectonophysics，612：81-96.

Xu W B，Cao P W. 2018. Fracture behaviour of cemented tailing backfill with pre-existing crack and thermal treatment under three-point bending loading：experimental studies and particle flow code simulation［J］. Engineering Fracture Mechanics，195：129-141.

Yang S Q，Tian W L，Huang Y H，et al. 2018a. Experimental and discrete element modeling on cracking behavior of sandstone containing a single oval flaw under uniaxial compression［J］. Engineering Fracture Mechanics，194（1）：154-174.

Yang S Q，Tian W L，Huang Y H. 2018b. Failure mechanical behavior of pre-holed granite specimens after elevated temperature treatment by particle flow code［J］. Geothermics，72：124-137.

Yang Y R，Hu J C，Lin M L. 2014. Evolution of coseismic fault-related folds induced by the Chi-Chi earthquake：a case study of the Wufeng site，Central Taiwan by using 2D distinct element modeling［J］. Journal of Asian Earth Sciences，79：130-143.

Yin A，Nie S，Craig P，et al. 1998. Late Cenozoic tectonic evolution of the southern Chinese Tian Shan［J］. Tectonics，17（1）：1-27.

Yin S，Zhao J Z，Wu Z H，et al. 2018. Strain energy density distribution of a tight gas sandstone reservoir in a low-amplitude tectonic zone and its effect on gas well productivity：a 3D FEM study［J］. Journal of Petroleum Science and Engineering，170：89-104.

Zahm C K，Hennings P H. 2009. Complex fracture development related to stratigraphic architecture：challenges for structural deformation prediction，Tensleep Sandstone at the Alcova anticline，Wyoming［J］. American Association of Petroleum Geologists Bulletin，93（11）：1427-1446.

Zeng L B，Su H，Tang X M，et al. 2013. Fractured tight sandstone oil and gas reservoirs：a new play type in the Dongpu depression，Bohai Bay Basin，China［J］. American Association of Petroleum Geologists Bulletin，97（3）：363-377.

Zhang H L，Zhang R H，Yang H J，et al. 2014. Characterization and evaluation of ultra-deep fracture-pore tight sandstone reservoirs：a case study of Cretaceous Bashijiqike Formation in Kelasu tectonic zone in Kuqa foreland basin，Tarim，NW China［J］. Petroleum Exploration and Development，41（2）：175-184.

Zhao W T，Hou G T. 2017. Fracture prediction in the tight-oil reservoirs of the Triassic Yanchang Formation in the Ordos Basin，northern China［J］. Petroleum Science，14（1）：1-23.